Les changements
climatiques

Eau potable du robinet

Molécule de protoxyde d'azote (N_2O)

Molécule de dioxyde de carbone (CO_2)

Molécule de vapeur d'eau (H_2O)

Molécule de méthane (CH_4)

Molécule d'ozone (O_3)

Boeing 767

Mammouth laineux

Moustique vecteur du paludisme

Bacs pour le tri des déchets

Hamburger

Les changements
climatiques

par

John Woodward

Photo satellite infrarouge de la Terre,
montrant les températures la nuit

LES YEUX DE LA DÉCOUVERTE
GALLIMARD JEUNESSE

Pizza végétarienne

Ferme éolienne
en mer

COMMENT ACCÉDER
AU SITE INTERNET DU LIVRE

1 - SE CONNECTER

Tapez l'adresse du site dans votre navigateur puis
laissez-vous guider jusqu'au livre qui vous intéresse :
http://www.decouvertes-gallimard-jeunesse.fr/9+

2 - CHOISIR UN MOT CLÉ DANS LE LIVRE
ET LE SAISIR SUR LE SITE

Vous ne pouvez utiliser que les mots clés du livre
(inscrits dans les puces grises) pour faire une
recherche.

3 - CLIQUER SUR LE LIEN CHOISI

Pour chaque mot clé du livre, une sélection de liens
Internet vous est proposée par notre site.

4 - TÉLÉCHARGER DES IMAGES :

Une galerie de photos est accessible sur notre site pour
ce livre. Vous pouvez y télécharger des images libres
de droits pour un usage personnel et non commercial.

IMPORTANT :

• Demandez toujours la permission à un adulte avant
de vous connecter au réseau Internet.
• Ne donnez jamais d'informations sur vous.
• Ne donnez jamais rendez-vous à quelqu'un que vous
avez rencontré sur Internet.
• Si un site vous demande de vous inscrire avec votre
nom et votre adresse e-mail, demandez d'abord la
permission à un adulte.
• Ne répondez jamais aux messages d'un inconnu,
parlez-en à un adulte.

NOTE AUX PARENTS : Gallimard Jeunesse vérifie
et met à jour régulièrement les liens sélectionnés,
leur contenu peut cependant changer. Gallimard
Jeunesse ne peut être tenu pour responsable que du
contenu de son propre site. Nous recommandons
que les enfants utilisent Internet en présence d'un
adulte, ne fréquentent pas les chats et utilisent un
ordinateur équipé d'un filtre pour éviter les sites non
recommandables.

Pompe à essence,
États-Unis

Couches de l'atmosphère terrestre

Collection créée par Pierre Marchand et Peter Kindersley
Pour l'édition originale
Conseiller : Dr Piers Forster
Édition : Margaret Hynes, Camilla Hallinan, Sunita Gahir, Andrea Pinnington
Direction artistique : Owen Peyton Jones, Martin Wilson
Iconographie : Sarah et Roland Smithies, Lucy Claxon, Rose Horridge,
Myriam Megharbi, Emma Shepherd, Romaine Werblow
Fabrication : Hitsh Patel, Man Fai Lau

Pour l'édition française
Responsable éditorial : Thomas Dartige - Édition : Éric Pierrat
Adaptation et réalisation : Agence Juliette Blanchot, Paris,
assistée de Juliette Gallas - Traduction : Annick de Scriba
Relecture scientifique : Hervé Regnauld, Université de Rennes
Correction : Sylvie Gauthier - PAO : Jean-Claude Marguerite
Couverture : Marguerite Courtieu - Photogravure de couverture : Scan+

Édition originale sous le titre *Climate Change*
Copyright © 2008 Dorling Kindersley Limited

ISBN 978-2-07-062072-2
Copyright © 2008 Gallimard Jeunesse, Paris
pour l'édition française
Loi n°49-956 du 16 juillet 1949 sur les publications destinées à la jeunesse
Dépôt légal : octobre 2008
N° d'édition : 159296
Photogravure : Colourscan à Singapour
Imprimé et relié en Chine par Leo Paper Group

Désert en Israël

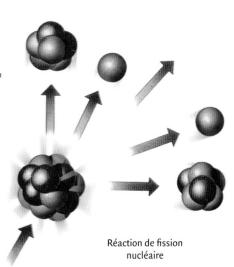

Réaction de fission
nucléaire

SOMMAIRE

Ford modèle T

LE CLIMAT DE LA TERRE

Seule planète du système solaire à posséder à la fois une atmosphère et de l'eau liquide, la Terre offre toutes les conditions favorables à la vie. Les courants atmosphériques et océaniques transportent la chaleur et l'humidité tout autour du globe, de sorte que la vie y existe à peu près partout. Ils créent aussi les conditions météorologiques, différentes chaque jour mais prévisibles, qui font le climat d'un lieu donné. Les climats changent lentement avec le temps et obligent les formes de vie à s'adapter. Mais, depuis quelque temps, ces changements s'accélèrent.

UNE PLANÈTE VIVANTE

Notre planète est une petite oasis de vie dans l'immensité de l'espace. La vie existe peut-être sur d'autres planètes, mais nous l'ignorons encore. La Terre est suffisamment proche du Soleil pour empêcher les océans de geler. La force d'attraction, ou gravitation, qui retient l'atmosphère autour de notre planète, fournit aux êtres vivants les gaz dont ils ont besoin. Enfin, grâce à sa fonction isolante, l'atmosphère maintient les températures terrestres à des niveaux viables.

@ ▶▶
Climat

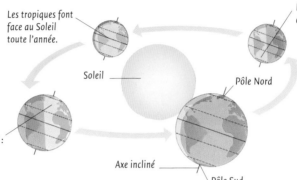

Les tropiques font face au Soleil toute l'année.

Le Soleil fait face à l'hémisphère Sud : c'est l'été dans l'hémisphère Sud.

Soleil

Pôle Nord

Le Soleil fait face à l'hémisphère Nord : c'est l'été dans l'hémisphère Nord.

Axe incliné

Pôle Sud

L'INCLINAISON DE LA TERRE

À l'équateur, les tropiques reçoivent le rayonnement direct du Soleil, dont l'énergie concentrée crée les climats tropicaux. Aux pôles, les rayons touchent le globe de biais, ce qui disperse la chaleur et permet la formation de glace. La Terre pivote autour d'un axe incliné et tourne autour du Soleil : lorsque c'est l'été dans l'hémisphère Nord, il fait plus chaud dans le Nord, et, lorsque c'est l'hiver, il fait plus chaud dans l'hémisphère Sud. La Terre met un an à accomplir une orbite autour du Soleil, ce qui définit les saisons.

DÉSERT ARIDE

L'eau liquide étant vitale pour les êtres vivants, les régions où l'eau est gelée en permanence ou asséchée par le Soleil sont désertées par la vie. Certaines plantes poussent dans les zones sèches dont le sous-sol a accumulé des réserves d'eau, mais la majeure partie du paysage est constituée de roches nues et de sable. Dans un désert chaud comme celui-ci, en Israël, une infime hausse de température pourrait éradiquer plusieurs espèces.

UNE VIE FOURMILLANTE

Dans les régions au climat chaud et humide, les êtres vivants prospèrent et se multiplient, formant ainsi de riches écosystèmes comme cette forêt équatoriale. La diversité de la végétation constitue une vaste source de nourriture pour la faune locale. Cela dit, tous les animaux ont dû évoluer pour s'adapter aux conditions de chaque type de climat et beaucoup ne survivraient pas à un changement climatique brutal.

DES COURANTS TOURBILLONNANTS

Aux tropiques, le rayonnement solaire est si intense qu'il génère des courants d'air chaud, dont les « cellules » ascendantes et descendantes transportent la chaleur vers les régions moins ensoleillées : cela rafraîchit les tropiques, réchauffe les zones tempérées et polaires et, par conséquent, unifie quelque peu le climat de la planète. Les vents et les systèmes météorologiques générés par les courants d'altitude, quant à eux, transportent l'humidité des océans au-dessus des continents, où elle retombe en pluie ou en neige et fournit l'eau nécessaire à la vie, de l'équateur à la limite des glaces polaires. Les variations de température et de précipitations engendrent diverses zones climatiques comme les déserts et les forêts équatoriales ou tropicales, qui se distinguent par leur climat, leur faune et leur flore.

LES CHANGEMENTS CLIMATIQUES

Depuis l'origine de l'humanité, la relative stabilité des climats a permis à des civilisations de naître et de s'épanouir. Mais les climats changent. La glace polaire fond, les régions tempérées subissent davantage de canicules et de fortes tempêtes, et les tropiques semblent devenir plus secs. Les climatologues travaillant dans les stations météorologiques comme celle-ci, dans l'Antarctique, sont certains que le climat mondial se réchauffe.

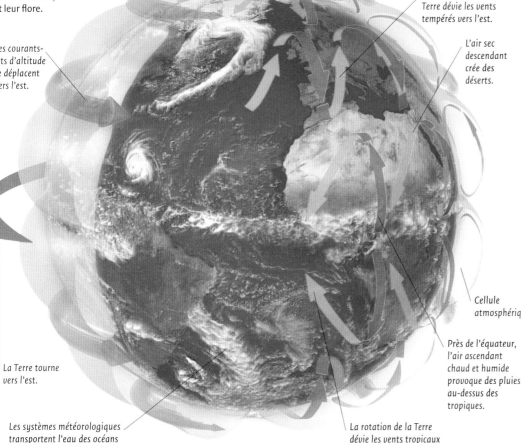

Les courants-jets d'altitude se déplacent vers l'est.

La rotation de la Terre dévie les vents tempérés vers l'est.

L'air sec descendant crée des déserts.

La Terre tourne vers l'est.

Les systèmes météorologiques transportent l'eau des océans vers les continents.

La rotation de la Terre dévie les vents tropicaux vers l'ouest.

Cellule atmosphérique

Près de l'équateur, l'air ascendant chaud et humide provoque des pluies au-dessus des tropiques.

LE RÉCHAUFFEMENT CLIMATIQUE

Les températures globales moyennes ont commencé à augmenter vers 1900. Elles ont monté et baissé de nombreuses fois depuis, mais la tendance a toujours été à la hausse, d'abord lente, puis plus rapide à partir des années 1970. La hausse des températures coïncide à peu près avec l'avènement de l'industrie moderne, la construction de villes tentaculaires et l'accroissement des quantités de combustibles comme le charbon et le pétrole que nous consommons pour notre chauffage, notre électricité et nos transports.

SVANTE ARRHENIUS

Dans les années 1890, le chimiste suédois Svante Arrhenius affirme que les glaciations du passé ont été causées par la diminution des éruptions volcaniques rejetant des gaz comme le CO_2. Ces gaz retenant la chaleur, leur réduction aurait donc refroidi la Terre. Puis Arrhenius s'interroge sur les conséquences d'une activité industrielle intense qui, en brûlant des combustibles comme le charbon, augmenterait l'émission de ces gaz. Concluant que cela réchaufferait le globe, il découvre ainsi le facteur reliant l'industrialisation et l'utilisation de combustibles aux changements de températures globaux. Mais il ignore que, en l'espace d'un siècle, ce processus allait produire des effets dramatiques sur le climat mondial.

L'EFFET DE SERRE

Sans son atmosphère, la Terre serait une boule rocheuse sans vie. En effet, c'est elle qui fournit aux êtres vivants des éléments essentiels tels que le carbone, l'azote et l'oxygène, et qui maintient la température nécessaire à la survie des espèces. À la fois écran solaire et isolant thermique, les couches d'air qui entourent notre planète protègent la vie contre les rayons du Soleil tout en retenant la chaleur qui, sinon, s'échapperait dans l'espace pendant la nuit. Cette particularité atmosphérique porte le nom d'effet de serre : sans lui, la vie sur Terre serait impossible, mais son accroissement actuel est la cause du dangereux réchauffement de notre planète.

RÉTENTION DE LA CHALEUR

Une grande partie des rayons solaires de courte longueur d'ondes, la lumière solaire, traverse l'atmosphère et atteint la surface de la Terre. En absorbant cette énergie, la Terre se réchauffe et réfléchit la chaleur sous la forme d'un rayonnement infrarouge invisible et de longueur d'ondes élevée. Ces radiations ne traversant pas l'atmosphère, la majorité de leur énergie se trouve absorbée par les gaz de l'air qui, à leur tour, se réchauffent. Comme le fait la surface de la Terre, ces rayons renvoient une partie de la chaleur dans l'espace, mais en réfléchissant une autre partie vers la Terre, qui se réchauffe. Ce processus porte le nom d'« effet de serre » et les gaz impliqués s'appellent les « gaz à effet de serre ».

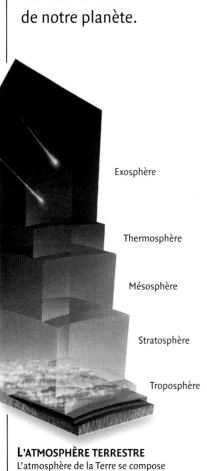

Rayons de courte longueur d'ondes réfléchis par les nuages

Rayons de courte longueur d'ondes diffusés

Rayons de grande longueur d'ondes s'échappant dans l'espace

Rayons de grande longueur d'ondes absorbés par les gaz à effet de serre

Pénétration des rayons solaires

Exosphère

Thermosphère

Mésosphère

Stratosphère

Troposphère

LES GAZ À EFFET DE SERRE (GES)

Les principaux GES sont la vapeur d'eau, le dioxyde de carbone (CO_2), le méthane, l'oxyde d'azote et l'ozone. Comme tous les gaz, ils se composent d'assemblages d'atomes, les molécules. Une molécule de CO_2 est constituée d'un atome de carbone et de deux atomes d'oxygène. Une molécule de méthane (CH_4) possède un atome de carbone et quatre atomes d'hydrogène. Tous les gaz à effet de serre ne contiennent pas de carbone : l'oxyde d'azote se compose d'azote et d'oxygène, la vapeur d'eau d'hydrogène et d'oxygène, et l'ozone d'oxygène.

Dioxyde de carbone (CO_2)

Vapeur d'eau (H_2O)

Méthane (CH_4)

L'ATMOSPHÈRE TERRESTRE

L'atmosphère de la Terre se compose principalement d'azote et d'oxygène, complétés d'une petite quantité de dioxyde de carbone (CO_2), de vapeur d'eau et d'autres gaz. Elle est constituée de plusieurs couches, dont la plus basse, la troposphère, concentre la plupart de ces gaz.

Oxyde d'azote (N_2O)

Ozone (O_3)

UNE CHALEUR VITALE

Si cette rose continue de subir des températures glaciales, elle va geler et mourir. Voilà ce qui arriverait à toutes les espèces si l'atmosphère terrestre disparaissait. Les températures diurnes seraient torrides et les températures nocturnes descendraient bien en dessous du point de congélation. La température moyenne globale chuterait de 14 °C à environ − 18 °C. Sans l'effet de serre, aucune forme de vie n'aurait pu apparaître sur Terre.

Chaleur s'échappant dans l'espace

Gaz chauds réchauffant la surface de la Terre

Gaz à effet de serre de l'atmosphère

@ ▶▶
Effet de serre

UNE VOISINE FROIDE

La Lune est bien plus petite et légère que la Terre. Du fait de sa faible masse, sa gravité est insuffisante pour retenir les gaz qu'elle laisse échapper : ils se dispersent dans l'espace au lieu de former une atmosphère. En l'absence d'atmosphère, aucun effet de serre ne peut retenir la chaleur du Soleil de sorte que, bien que la Lune soit à la même distance du Soleil que la Terre, sa température de surface moyenne est bien inférieure. C'est l'une des raisons pour lesquelles il n'y a pas de vie sur la Lune.

Volcans vénusiens

UNE PLANÈTE À EFFET DE SERRE

De même taille que la Terre, Vénus possède une atmosphère, mais se trouve trop près du Soleil pour que des océans s'y forment. Sur Terre, les océans absorbent le CO_2 de l'air et réduisent ainsi l'effet de serre ; sur Vénus, l'absence d'océans fait que tout le CO_2 émis par les volcans de la planète reste confiné dans son atmosphère. Le puissant effet de serre qui en résulte élève la température de surface de Vénus à plus de 500 °C, une chaleur suffisante pour faire fondre le plomb.

CHARLES KEELING

Parmi les principaux gaz à effet de serre de l'atmosphère, le CO_2 est l'un des plus importants. Il absorbe beaucoup moins d'énergie par molécule que tout autre, comme l'oxyde d'azote et le méthane, mais il est présent en très grande quantité. Les mesures de CO_2 de l'air relevées par le scientifique américain Charles Keeling montrent que sa concentration augmente chaque année depuis 1958.

Ballon-sonde contenant un échantillon de CO_2

LA COURBE DE KEELING

Les mesures de CO_2 atmosphérique relevées par Keeling donnent une courbe ascendante en zigzag. Le zigzag indique une hausse et une baisse annuelle, la baisse étant due à l'absorption de CO_2 par la flore des continents de l'hémisphère Nord pendant l'été. Mais la tendance demeure à la hausse : le nombre de particules par million (ppm) de CO_2 atmosphérique est passé de 315 en 1958 à 380 aujourd'hui.

LE CYCLE DU CARBONE

Les formes de carbone pur sont le graphite (mine de crayon, par exemple) et le diamant. Combiné avec de l'oxygène, le carbone forme du CO_2 et, avec de l'hydrogène, du méthane. Les plantes vertes utilisent le CO_2 pour se nourrir : elles le prélèvent dans l'air et, grâce à l'énergie solaire, le combinent avec de l'eau pour fabriquer un hydrate de carbone, le sucre. Associé à de l'oxygène, le sucre libère son énergie pour alimenter les processus vitaux des plantes : il est alors converti en eau et en CO_2, qui retournent dans l'atmosphère. La combustion et la décomposition produisent elles aussi du CO_2, l'eau des océans en absorbe et en libère, les dépôts calcaires des planchers océaniques le piègent et les éruptions volcaniques en rejettent. Ainsi, le carbone est échangé en permanence entre les êtres vivants, l'atmosphère, les océans et les roches : c'est le cycle du carbone.

Matière végétale

Tourbe

Lignite (charbon mou)

En s'évaporant, l'eau fait monter encore plus d'eau dans la tige.

Le sucre formé dans les feuilles s'écoule sous forme de sève.

Les feuilles vertes stockent la lumière.

CO_2 absorbé dans l'air

L'eau remonte de la tige vers les feuilles.

Oxygène libéré dans l'air

La sève sucrée circule dans la plante.

Eau prélevée dans le sol par les racines

LA RESPIRATION

Les plantes et les animaux utilisent l'oxygène pour libérer l'énergie stockée dans le sucre et autres hydrates de carbone. Ce phénomène, la respiration, convertit le sucre en CO_2 et en eau. Les animaux inspirent l'oxygène et exhalent du CO_2 et de la vapeur d'eau. Lorsqu'il fait froid, cet air expiré ressemble à une fumée blanche.

Charbon

LE STOCKAGE DU CARBONE

En règle générale, lorsqu'une plante ou un animal meurt, ils commencent tout de suite à se décomposer, et leur carbone retourne dans l'air. Mais il arrive qu'ils soient enfouis de telle façon qu'ils ne peuvent se dégrader normalement. Dans un milieu gorgé d'eau, les végétaux morts ne pourrissent pas ; ils forment en quelques siècles d'épaisses couches de tourbe qui, à force d'être comprimées, se transforment, après des millions d'années, en charbon.

PHOTOSYNTHÈSE

Les plantes vertes et le plancton marin utilisent l'énergie solaire pour convertir le CO_2 et l'eau en sucre. Ce processus, la photosynthèse, libère également de l'oxygène. Le sucre stocke l'énergie du Soleil sous forme chimique, une énergie dont presque toutes les créatures vivantes ont besoin pour fabriquer leurs tissus et alimenter leurs processus vitaux. La vie est impossible sans carbone.

LA DÉCOMPOSITION ORGANIQUE

Lorsque des êtres vivants meurent, d'autres, comme les champignons et les bactéries, commencent à recycler leurs matières organiques. Ce processus de décomposition lie souvent le carbone des tissus morts avec de l'oxygène, et le CO_2 obtenu retourne dans l'atmosphère. Dans un autre type de décomposition, le carbone se lie avec de l'hydrogène pour former du méthane.

Anthracite (charbon dur)

Les feuilles commencent à se décomposer.

Matière végétale non décomposée

Le charbon est composé à 85 % de carbone.

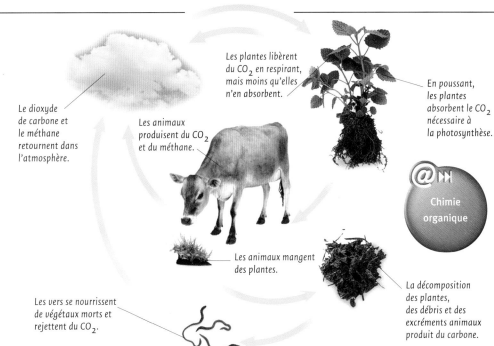

Le dioxyde de carbone et le méthane retournent dans l'atmosphère.

Les plantes libèrent du CO_2 en respirant, mais moins qu'elles n'en absorbent.

En poussant, les plantes absorbent le CO_2 nécessaire à la photosynthèse.

Les animaux produisent du CO_2 et du méthane.

@ ▶▶
Chimie organique

Les animaux mangent des plantes.

La décomposition des plantes, des débris et des excréments animaux produit du carbone.

Les vers se nourrissent de végétaux morts et rejettent du CO_2.

LE CYCLE DU CARBONE

Les êtres vivants absorbent et rejettent constamment du carbone. Les végétaux et autres organismes photosynthétiques absorbent du CO_2 et fabriquent leurs tissus avec une partie de son carbone. Lorsqu'une plante meurt et se décompose, elle libère du carbone sous forme de CO_2 ou de méthane. Lorsque les animaux mangent des plantes, ils utilisent une partie du carbone pour fabriquer leurs tissus mais finissent aussi par mourir. Par ailleurs, végétaux et animaux libèrent du CO_2 en convertissant le sucre en énergie par la respiration.

PLUIE ET ROCHE

En dissolvant le CO_2 de l'air, la pluie forme de l'acide carbonique faible. Lorsqu'elle tombe sur des roches silicatées comme ce granit, le carbone se lie avec les silicates et forme des minéraux carbonatés. Transportés par les cours d'eau, ceux-ci atteignent la mer et sont absorbés par des organismes marins. Lorsque ces derniers meurent, leurs débris tombent au fond de la mer, où ils peuvent former du calcaire qui piégera le carbone pendant des millions d'années.

LE CARBONE VOLCANIQUE

Les volcans rejettent dans l'atmosphère le carbone stocké dans les roches de l'écorce terrestre. Les «fontaines de feu» explosives comme celle-ci (l'Etna, en Sicile) expulsent à la fois de la roche fondue et des gaz, dont le CO_2 libéré par les roches carbonatées en fusion. Chaque année, les volcans éjectent d'énormes quantités de CO_2 mais, ensuite, celui-ci est absorbé au cours du processus de formation d'autres roches carbonatées.

LA THERMORÉGULATION

Il y a 3,5 milliards d'années, le Soleil irradiait vers la Terre beaucoup moins d'énergie qu'aujourd'hui. Toutefois, les quantités considérables de CO_2 expulsées par les volcans ont créé un puissant effet de serre qui, empêchant la Terre de former de la glace, a permis l'apparition de la vie. Au fil du temps, la production énergétique du Soleil s'est accrue, mais la majeure partie du CO_2 de l'atmosphère a été absorbée par les océans, réduisant ainsi l'effet de serre. Pour certains scientifiques comme James Lovelock, c'est la preuve que, sur le long terme, la Terre autorégule sa température.

LES RÉTROACTIONS

L'énergie que la Terre absorbe du Soleil est plus ou moins compensée par celle qu'elle renvoie dans l'espace, mais à long terme seulement. Les déséquilibres à court terme peuvent refroidir ou réchauffer notre planète, et provoquer des extinctions de masse, comme celle qui a éradiqué les dinosaures voilà 65 millions d'années. Une fois l'équilibre perturbé, d'autres changements peuvent affecter le système climatique : les rétroactions, ou *feedbacks*. Les rétroactions négatives résistent aux variations de température et atténuent le déséquilibre d'origine. Les rétroactions positives accentuent ce déséquilibre et les changements de température. Pour les scientifiques, une hausse constante des températures peut déclencher de puissantes rétroactions positives et réchauffer considérablement la Terre dans les prochaines décennies, avec de nombreuses conséquences.

LES RÉTROACTIONS NÉGATIVES

Certains processus naturels résistent aux changements. Lorsque le Soleil réchauffe la surface de l'océan, de l'eau s'évapore. En montant, cette vapeur refroidit et se condense en nuages qui bloquent les rayons du Soleil et font refroidir l'océan. Lorsque l'évaporation cesse, il n'y a plus de formation de nuages et le Soleil réchauffe à nouveau l'océan. C'est un exemple de rétroaction négative.

LES RÉTROACTIONS POSITIVES

Lorsqu'il gèle ou neige, le sol agit comme un miroir. Sa surface réfléchit l'énergie solaire, de sorte qu'il absorbe moins de chaleur et que la formation de glace s'accroît. Cela s'appelle l'« effet albédo ». Cette rétroaction positive ne résiste pas aux changements mais les renforce.

L'ÉNERGIE SOLAIRE

Lorsque le rayonnement solaire atteint l'atmosphère terrestre, environ un tiers de son énergie (indiquée ici en watts par mètre carré) est réfléchie vers l'espace par les nuages, par de minuscules particules appelées «aérosols» et par la surface de la Terre. Une quantité plus élevée est absorbée par l'atmosphère, et le reste par les mers et la terre. Celles-ci se réchauffent et renvoient de l'énergie dans l'atmosphère, dont une partie est absorbée par les gaz à effet de serre.

107
Réflexion du rayonnement solaire

342
Rayonnement solaire entrant

67

77
Réflexion par les nuages, les aérosols et l'atmosphère

Absorption par l'atmosphère

Réflexion par la surface

30

Absorption par la surface

168

-10 °C   -5 °C   -1 °C   0 °C   1 °C

JAMES LOVELOCK

Le scientifique britannique James Lovelock est célèbre pour sa théorie Gaia, selon laquelle les êtres vivants régulent le climat et la composition de l'atmosphère dans leur propre intérêt. À terme, un réseau de rétroactions négatives assure la survie sur Terre malgré les catastrophes menant à des extinctions de masse. La théorie de Lovelock tient son nom de Gaia, déesse grecque de la Terre.

LES POINTS DE BASCULEMENT

Lorsqu'une carafe remplie de cubes de glace à – 10 °C est réchauffée d'un ou deux degrés par heure, il ne se produit rien jusqu'à ce que la température dépasse 0 °C. Tous les glaçons commencent alors à fondre. Les climatologues craignent que la hausse des températures globales conduise à ce type de points de basculement, provoque des changements soudains et déclenche des rétroactions positives susceptibles d'accélérer le processus.

LA CONSOMMATION DE CARBONE

Les végétaux et le plancton marin sont parmi les principaux indicateurs de l'effet de serre car plus il y a de CO_2, plus ils en absorbent et plus ils croissent. Ces plantes sont cultivées dans un conteneur gradué dans lequel on a injecté un supplément de CO_2 pour étudier leurs réactions.

235 — Rayonnement de grande longueur d'ondes sortant

Émission par les nuages

165 — Rayonnement par les gaz à effet de serre

30

40 — Diffusion par l'atmosphère

350 — Absorption par les gaz à effet de serre

Rayonnement par les gaz à effet de serre

Réflexion par la surface

324

Absorption par la surface

390

324

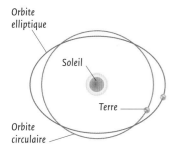

LES CYCLES ORBITAUX

Le climat de la Terre change au cours de cycles réguliers dus aux variations de l'orbite terrestre autour du Soleil. Ces cycles de Milankovitch tiennent leur nom du mathématicien serbe qui les a calculés. En 120 000 ans, l'orbite presque circulaire de la Terre devient elliptique, ce qui affecte l'amplitude thermique annuelle de notre planète.

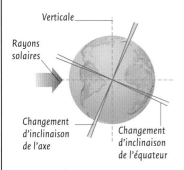

UNE PLANÈTE INCLINÉE

En 24 heures, la Terre effectue une rotation complète autour de son axe, actuellement incliné à 23,5°. Sa rotation induit l'alternance des jours et des nuits, et son inclinaison, celle des hivers et des étés. Mais cette inclinaison varie de 21,6° à 24,5° sur une période de 42 000 ans, modifiant ainsi l'angle d'incidence des rayons solaires, l'emplacement des régions tropicales et polaires et la circulation atmosphérique globale.

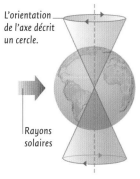

L'OSCILLATION AXIALE

Un autre cycle modifie l'orientation de l'axe de la Terre pour l'aligner sur des points différents dans l'espace. Actuellement, le pôle Nord pointe vers l'étoile polaire, Polaris, mais il dérive avec le temps et retrouvera cette orientation dans 21 000 ans. Cela change les dates des saisons : au milieu du cycle, l'hiver et l'été sont inversés.

LES CHANGEMENTS CLIMATIQUES NATURELS

Les climatologues s'accordent à dire que la hausse actuelle des températures est due aux activités humaines. Or, des changements climatiques se sont produits par le passé, avant même l'apparition de l'homme. Ils ont été provoqués par des cycles naturels affectant l'orbite de la Terre autour du Soleil, des modifications du niveau de radiation du Soleil et des phénomènes naturels tels que des éruptions volcaniques majeures. Certains de ces événements ont été aggravés par les rétroactions positives qu'ils ont déclenchées, ce qui peut se produire à nouveau.

Mammouth laineux

LES GLACIATIONS

Les différentes glaciations que la Terre a déjà connues sont en partie dues aux cycles orbitaux. Nous sommes actuellement dans la phase chaude d'une ère glaciaire qui a culminé voilà 20 000 ans. La glace recouvrait alors de vastes parties des régions boréales, délimitées par la toundra, où vivaient des animaux adaptés au froid tels que le mammouth laineux.

TACHES SOLAIRES ET PLAGES FACULAIRES

Le Soleil connaît des périodes d'activité intense provoquant l'apparition de taches sombres à sa surface, contenues dans des zones plus claires, les plages faculaires. Plus il y a de taches et de plages, plus le Soleil irradie de l'énergie. Elles sont plus nombreuses qu'au début des années 1800, mais les variations d'énergie qu'elles provoquent sont minimes et n'expliquent pas les changements climatiques actuels.

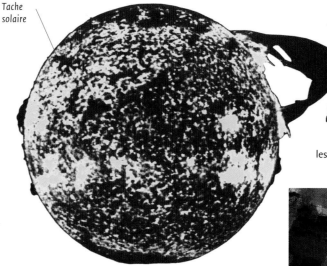

Tache solaire

LES PREUVES GÉOLOGIQUES

Les roches fournissent des informations sur les climats du passé lointain. Dans le Sahara, des roches exposées portent des cicatrices indiquant le déplacement de glaces il y a 480 millions d'années. Dans le nord de l'Europe, d'épaisses couches de grès rouge étaient autrefois des dunes de sable accumulées dans des déserts brûlants. L'épaisse couche de calcaire blanc surmontant cette falaise anglaise s'est formée dans une mer tropicale peu profonde à l'époque des dinosaures.

Plus chaud

Température actuelle

Plus froid

Précambrien	Paléozoïque	Mésozoïque	Cénozoïque	

− 4600 Ma   − 570 Ma   − 225 Ma   − 65 Ma   − 2 Ma   Ma = millions d'années

SUR LE LONG TERME

Les roches, les fossiles et d'autres éléments prouvent que les températures moyennes ont varié depuis la formation de la Terre, il y a 4 600 millions d'années. Pendant la majeure partie de l'évolution géologique, il a fait plus chaud qu'aujourd'hui, mais des glaciations ont eu lieu au précambrien et au paléozoïque. Le mésozoïque, ère des dinosaures, était une période chaude puis, au cours du cénozoïque, les températures ont chuté pour atteindre les phases les plus froides de la glaciation actuelle.

LA DÉRIVE DES CONTINENTS

Au fil de millions d'années,
la dérive des plaques de
l'écorce terrestre a modifié
l'emplacement des continents
et leurs climats. Voilà environ
250 millions d'années,
ce processus a créé le
«supercontinent» Pangée,
dominé par un climat désertique
très chaud du fait que les océans
étaient extrêmement éloignés.

L'ÉTÉ DES DINOSAURES

Au mésozoïque, il y a
entre 250 et 65 millions
d'années, le climat était
essentiellement chaud.
Vers la fin de cette ère,
celle des dinosaures, la
température moyenne était
supérieure de 5 °C à celle
d'aujourd'hui.

LES ÉRUPTIONS VOLCANIQUES

Certains types d'éruptions volcaniques projettent dans la
stratosphère des poussières et des gaz, dont le CO_2, la vapeur d'eau
et le dioxyde de soufre. Les gouttelettes d'acide sulfurique formées
par l'eau et le soufre peuvent dériver dans la stratosphère pendant
des années, masquer le Soleil et refroidir la planète d'au moins 1 °C.
Le CO_2, lui, reste dans l'atmosphère pendant plus d'un siècle et
peut causer un réchauffement climatique. D'intenses éruptions ont
pu fortement modifier le climat par le passé, mais celles du Pinatubo
(à gauche) sont insuffisantes pour produire un tel effet.

LA PETITE ÈRE GLACIAIRE

Des années 1300 jusqu'à environ 1850, l'hémisphère Nord a connu
une alternance de décennies froides et de périodes de climat «normal».
Cette «petite ère glaciaire» aurait atteint son point le plus froid au milieu
du XVe siècle. En Europe, elle a détruit toutes les récoltes et provoqué
la famine. À cette époque, les paysages glacés des hivers rigoureux ont
été peints par de nombreux artistes; le Hollandais Hendrick Avercamp
a peint celui-ci au début des années 1600. La «petite ère glaciaire»
serait peut-être due à des éruptions volcaniques.

L'IMPACT HUMAIN

Mesurée au niveau du sol, la température moyenne du globe a augmenté de près de 0,8 °C au siècle passé. Cela semble peu, mais le monde ne s'est réchauffé que de 4 °C au cours des 200 siècles qui ont suivi le pic de froid de la dernière glaciation, ce qui indique une forte accélération du réchauffement. Parallèlement, la révolution technologique a changé notre vie, mais au prix d'une consommation massive d'énergie. La majorité de cette énergie provient de combustibles qui, en brûlant, produisent du CO_2, dont la concentration dans l'air s'est ainsi nettement accrue. Cette hausse correspondant à peu près à celle des températures, il est fort probable que l'accélération du réchauffement soit due au mode de vie actuel, très gourmand en énergie.

Le vert et le jaune indiquent que le Sahara est plus froid que l'océan.

Le sommet des nuages de tempête tropicale est glacé.

La nuit, l'Atlantique tropical est plus chaud que les terres.

Le sud de l'Afrique est plus chaud que l'océan tropical.

PRENDRE LA TEMPÉRATURE DE LA TERRE

Dans le monde entier, on enregistre chaque jour les températures. Dans l'espace, des capteurs détectent les températures de surface, comme le montre ce cliché infrarouge de la Terre, pris de nuit par un satellite météorologique. Les températures locales varient énormément sur une année, mais une fois la température globale moyenne calculée à partir de toutes les données recueillies, il est manifeste que la planète se réchauffe.

Climatologues dans une station de recherches de l'Antarctique

LE PASSÉ EXPLIQUÉ

Les spécialistes disposent de différentes techniques pour comparer les variations entre les températures actuelles et passées. Les échantillons de glace prélevés dans les banquises du Groenland et de l'Antarctique fournissent d'excellentes preuves. En analysant la structure atomique de l'oxygène des bulles d'air qui y sont piégées, certaines depuis plus de 650 000 ans, on peut mesurer la température locale de l'air à chaque époque et déduire les fluctuations de température.

Carotte de glace ôtée avec précaution d'un tube de forage creux

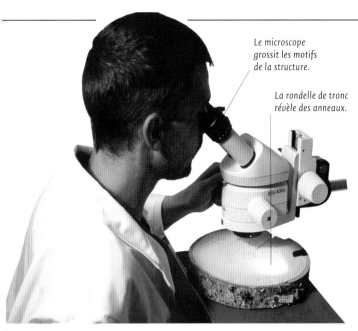

Le microscope grossit les motifs de la structure.

La rondelle de tronc révèle des anneaux.

LES ANNEAUX DES ARBRES

Au cours d'une année, une nouvelle couche de bois neuf se forme à l'extérieur du tronc d'un arbre vivant. Épaisse les années chaudes ou fine les années froides, cette nouvelle couche forme avec les précédentes une série d'anneaux de croissance indiquant une succession d'années chaudes ou froides. Si l'on peut dater l'un de ces anneaux, l'ensemble donne le climat local qui a régné pendant toute la vie de l'arbre. Une technique similaire est appliquée pour étudier les anneaux de croissance des coraux.

La mouette blanche de l'Arctique est menacée par le recul des glaces marines.

MOYENNES ET EXTRÊMES

Si une hausse de température de 0,8 °C en l'espace d'un siècle semble anodine, elle ne l'est pas pour certains animaux comme cette mouette blanche. Le chiffre de 0,8 °C étant une moyenne, cela signifie que la température n'a pas augmenté dans certains endroits. Ailleurs, en revanche, comme dans les régions de l'Arctique où vit la mouette blanche, les températures hivernales locales ont augmenté de 4 °C depuis les années 1950, et la glace sur laquelle cet oiseau trouve sa nourriture a perdu du terrain.

UN GRAPHIQUE ÉLOQUENT

Comme l'indique la ligne bleue de ce graphique, la température globale moyenne a augmenté depuis 1900. Cela ne peut être dû seulement à des causes naturelles car lorsque l'on modélise celles-ci par ordinateur, la température qui en résulte (ligne verte) ne suit pas la même hausse. Si l'on y ajoute les influences humaines, l'ordinateur donne les températures portées sur la ligne orange. La similarité de ces lignes montre que les facteurs humains comme la libération de gaz à effet de serre sont les principaux responsables du réchauffement climatique.

LE PRINCIPAL SUSPECT

Les bulles d'air piégées dans les carottes de glace indiquent que les concentrations de CO_2 dans l'atmosphère étaient, en 1700, d'environ 280 parties par million (ppm) d'air. Aujourd'hui, les échantillons prélevés par des dispositifs fixés au sommet de poteaux comme celui-ci révèlent que ce niveau est passé à 380 ppm. Cet écart de 100 ppm contribue pour beaucoup à l'effet de serre qui maintient la chaleur de notre planète et explique pourquoi les températures globales ont augmenté et continuent de le faire.

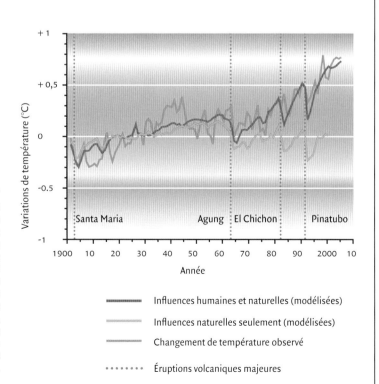

Variations de température (°C)

Santa Maria   Agung   El Chichon   Pinatubo

Année

——— Influences humaines et naturelles (modélisées)

——— Influences naturelles seulement (modélisées)

——— Changement de température observé

········· Éruptions volcaniques majeures

QUAND LA FORÊT BRÛLE

Le changement climatique est dû à une combinaison de facteurs, dont le plus important est l'augmentation des gaz à effet de serre dans l'atmosphère, en particulier du CO_2. Ce surplus de CO_2 provient essentiellement du brûlage de combustibles riches en carbone. Le processus est le même que celui qui transforme le sucre en énergie dans notre organisme, mais il est plus violent et libère une énergie extrêmement chaude. Le combustible le plus simple est le bois, que nous faisons brûler depuis des millénaires pour nous chauffer et cuire nos aliments. La croissance démographique a fortement accru la quantité de bois brûlé chaque année. Parallèlement, de vastes forêts sont défrichées et brûlées pour faire de la place aux cultures, à l'élevage et aux routes, surtout aux tropiques. Cette pratique participe également au changement climatique en libérant tout le carbone absorbé par les arbres au cours de leur vie.

RÉSERVES DE CARBONE
En poussant, un arbre absorbe du CO_2 et le convertit en sucre, en fibre végétale et en bois. Le bois stocke du carbone, qu'il libère lorsque l'arbre meurt et se décompose. Dans une forêt mature, les arbres morts se décomposent aussi vite que les arbres vivants croissent. Ainsi, bien qu'elles constituent des réserves de carbone, les forêts libèrent autant de CO_2 qu'elles en absorbent.

@ ▶▶ Déforestation

Torche utilisée pour brûler la forêt

BRÛLIS ET FRICHE
Lorsqu'un arbre prend feu, le carbone qu'il a stocké dans son bois se lie avec l'oxygène et produit de l'énergie et du CO_2. Les feux de forêt font partie du cycle naturel du carbone, et le CO_2 qu'ils libèrent est aussitôt absorbé par les jeunes arbres. Mais lorsqu'on brûle une forêt sans la replanter, la totalité de son carbone se transforme en CO_2, ce qui aggrave l'effet de serre.

CHANGEMENT DE CULTURE
Si une forêt brûlée peut repousser, les nouveaux arbres vont absorber le CO_2 libéré par le feu. Mais cela peut prendre un siècle ou plus, car les jeunes arbres n'en absorbent pas autant que les gros arbres matures. Si la terre est plantée de cultures comme celle-ci ou devient un pâturage, les petites plantes absorberont encore moins de CO_2 et, qu'elles soient récoltées ou mangées par des animaux, le carbone qu'elles contiennent retournera dans l'air.

DESTRUCTION TROPICALE
D'énormes zones de forêt tropicale sont en cours de destruction. Le Brésil a perdu plus de 423 000 km² de forêt depuis 1990 (de quoi couvrir l'Allemagne, la Suisse et la Belgique) et l'Indonésie près de 300 000 km² (de quoi couvrir l'Italie). En Haïti, dans les Caraïbes, plus de 95 % des forêts ont été abattus. Cette photographie montre la limite entre Haïti, à gauche, et la République dominicaine voisine, dont les forêts sont encore en grande partie préservées.

UN SOL DÉNUDÉ

Quand on coupe une forêt,
le sol nu réfléchit davantage les
rayons solaires, ce qui cause un refroidissement. Cependant,
le sol exposé libère des gaz à effet de serre comme le CO_2,
l'oxyde d'azote et le méthane. En Indonésie, le sol des
forêts marécageuses contient quantité de tourbe qui,
si la forêt est abattue, va sécher et se décomposer.
Comme on le voit sur cette photographie, il arrive
que la tourbe flambe et dégage encore plus
de CO_2. Dans l'ensemble, le réchauffement
dû aux gaz à effet de serre libérés par
la déforestation est nettement plus
important que l'effet refroidissant
du sol nu.

*Vaste nuage de
fumée au-dessus
de Bornéo*

FUMÉE ET SUIES

Les feux de forêt génèrent de la fumée, comme ici au-dessus de Bornéo
en 2002. La fumée se compose de gaz et de suies qui, combinés à la
vapeur d'eau, forment des nuages de particules flottantes, les aérosols.
Ceux-ci peuvent absorber et réfléchir les rayons solaires, causant
un refroidissement. Mais le CO_2 libéré en même temps persiste bien
plus longtemps, renforçant l'effet de serre.

UN COMBUSTIBLE DURABLE

Le bois peut être utilisé comme
combustible « neutre en carbone » s'il
est remplacé. Une technique ancienne,
le recépage, consiste à tailler un arbre
vivant et laisser de nouveaux rejets
pousser à partir du tronc. Lorsque
le bois est brûlé, son carbone s'échappe
sous forme de CO_2, lequel est absorbé
par les nouvelles pousses.

Fougère fossile dans du charbon

LES COMBUSTIBLES FOSSILES

Le bois a longtemps été le seul combustible pour se chauffer et cuisiner. Le charbon de bois a contribué ensuite à l'essor du travail du fer, puis à son industrialisation. Au XVIIIe siècle, le charbon « de terre » extrait des mines devient une source d'énergie concentrée et abondante : alimentant les locomotives et les bateaux à vapeur des années 1800, il est indissociable de la révolution industrielle. Au XXe siècle, le pétrole et le gaz naturel fournissent des carburants pour les véhicules et les avions, le charbon et le gaz apportant l'électricité nécessaire à notre confort. Ces combustibles fossiles riches en carbone se sont formés en plusieurs millions d'années à partir d'organismes morts. Mais ils s'épuisent bien plus vite qu'ils ne se forment et libèrent du carbone dans l'atmosphère.

UNE RÉSERVE DE SOLEIL

Les combustibles fossiles sont les restes d'êtres vivants enfouis dans le sol avant d'avoir eu le temps de se décomposer. Le charbon, issu de plantes, contient les résidus d'hydrates de carbone que celles-ci ont fabriqués grâce aux rayons solaires. Le charbon est donc de l'énergie solaire enfouie pendant des millions d'années.

L'EXPLOITATION DU CHARBON

Lorsque le charbon se trouve près de la surface, on peut l'extraire dans des mines à ciel ouvert, qui font de gigantesques trous dans le paysage, comme ici dans le Wyoming, aux États-Unis. Lorsque le gisement est souterrain, on creuse des puits aboutissant à des tunnels, dans lesquels les mineurs extraient le charbon à l'aide d'un matériel spécifique.

LE PÉTROLE ET LE GAZ

Le pétrole est un hydrocarbure, un composé organique ne contenant que de l'hydrogène et du carbone. Prisonnier dans des roches au fond de l'océan, le pétrole est composé de débris de plancton marin microscopique, tels ces diatomes, enfouis et comprimés de la même façon que les plantes transformées en charbon. Le gaz naturel, essentiellement composé de méthane, est né du même processus.

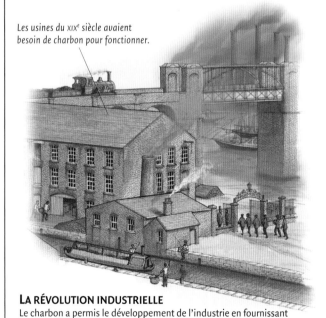

Les usines du XIXe siècle avaient besoin de charbon pour fonctionner.

LA RÉVOLUTION INDUSTRIELLE

Le charbon a permis le développement de l'industrie en fournissant une énergie abondante et peu chère. Les villes se sont développées avec l'arrivée de familles venues des campagnes (exode rural) attirées par la promesse d'un travail. Cette révolution est à l'origine de nos sociétés occidentales et a bouleversé une organisation sociale séculaire, avant tout rurale et agricole.

LE FORAGE PÉTROLIER

Le premier puits de pétrole a été creusé à Bakou, au bord de la mer Caspienne, en 1847. Mais l'industrie pétrolière n'a connu son véritable essor qu'au début du XXe siècle, lorsqu'on a su raffiner le pétrole pour fabriquer de l'essence pour automobiles. Aujourd'hui, on trouve des réserves de pétrole et de gaz dans de nombreux endroits du monde, sur terre ou sous des mers peu profondes, où elles sont pompées par des plates-formes comme celle-ci, en mer du Nord.

Énergie fossile

Piste d'atterrissage pour hélicoptère

Le derrick de forage extrait le pétrole à de grandes profondeurs.

Brûlage des gaz associés (torchère)

Longs pieds soutenant la plate-forme

D'énormes excavateurs extraient le charbon.

Des routes en lacet permettent l'accès à des camions gigantesques.

LA LIBÉRATION D'ÉNERGIE

Quand on brûle un combustible fossile, il dégage de l'énergie sous forme de chaleur, mais son carbone se lie avec l'oxygène et produit du CO_2. Cette réaction accélère le cycle du carbone en oxydant des masses de combustible qui, sinon, se seraient recyclées naturellement sur des millions d'années. Le CO_2 se répand dans l'atmosphère bien plus vite qu'il n'est absorbé par les processus ayant produit le combustible d'origine, de sorte que sa concentration dans l'air augmente.

DES COMBUSTIBLES SALES

Chaque combustible fossile libère une quantité de CO_2 différente. Le charbon est le pire, suivi du pétrole, puis du gaz. Le charbon contient d'autres polluants comme les suies et le dioxyde de soufre qui, combinés avec de la vapeur d'eau, produisent du « smog » et des pluies acides. En 1952, à Londres, le smog a fait plusieurs milliers de morts, et l'utilisation du charbon a été interdite dans la ville.

L'HOMME ET LE CARBONE

La société moderne dépend des combustibles fossiles. Ils servent à faire fonctionner les véhicules de transport et les usines, à chauffer les maisons, les hôpitaux et les écoles, et à produire une bonne partie de notre électricité. Le pétrole sert par ailleurs à fabriquer le plastique, matériau omniprésent dont nous aurions du mal à nous passer maintenant. Cette dépendance à l'égard des combustibles fossiles explique la quantité de dioxyde de carbone que nous rejetons dans l'atmosphère, l'aggravation de l'effet de serre et le réchauffement climatique.

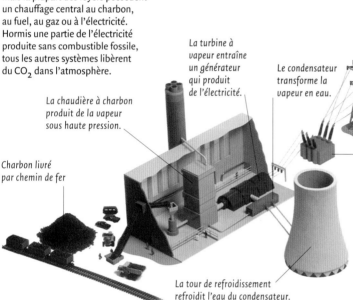

LA CHALEUR

Dans les pays aux hivers froids, il faut du combustible pour se chauffer. Certains utilisent encore des poêles à charbon, mais la plupart des foyers possèdent un chauffage central au charbon, au fuel, au gaz ou à l'électricité. Hormis une partie de l'électricité produite sans combustible fossile, tous les autres systèmes libèrent du CO_2 dans l'atmosphère.

La chaudière à charbon produit de la vapeur sous haute pression.

Charbon livré par chemin de fer

La turbine à vapeur entraîne un générateur qui produit de l'électricité.

Le condensateur transforme la vapeur en eau.

La tour de refroidissement refroidit l'eau du condensateur.

Le transformateur augmente le voltage.

Poste électrique local

Les lignes électriques transportent le courant sur de longues distances.

Le transformateur réduit le voltage.

L'électricité est distribuée dans les logements, les bureaux ou les usines.

LA CENTRALE ÉLECTRIQUE

Dans les pays industrialisés, une forte proportion de l'électricité provient de combustibles fossiles. Au Royaume-Uni, par exemple, le charbon, le gaz et le pétrole fournissent plus de 75 % de l'électricité produite, contre 10 % en France. Dans une centrale électrique, le combustible sert à faire chauffer une chaudière qui transforme l'eau en vapeur. La vapeur actionne ensuite une turbine à haute pression, qui fait fonctionner le générateur d'électricité, puis elle est refroidie, redevient de l'eau et retourne dans la chaudière.

UNE CENTRALE GOURMANDE

Les centrales au charbon consomment une grande quantité de combustible. Par exemple, celle de Kingston, dans le Tennessee (États-Unis) couvre les besoins en électricité de 700 000 foyers. Pour ce faire, elle brûle plus de 14 000 tonnes de charbon par jour, soit l'équivalent de ce que peuvent transporter 140 de ces gros wagons. Sur une année, cela donne plus de 51 000 wagons, soit, mis bout à bout, un train de plus de 500 km de long.

Boeing 767

UNE ÉNERGIE VITALE

Nous consommons énormément d'électricité, que ce soit pour les transports, l'éclairage, le chauffage ou les appareils ménagers. Un ordinateur ne marche pas sans électricité, et la quasi-totalité de nos activités est aujourd'hui tributaire de l'informatique. Les banques, les entreprises et même les gouvernements dépendent des communications électroniques, ainsi que les salles de contrôle de réseaux de transports comme celle-ci. Enfin, l'électricité rentre maintenant dans la production de denrées indispensables comme les aliments et l'eau potable.

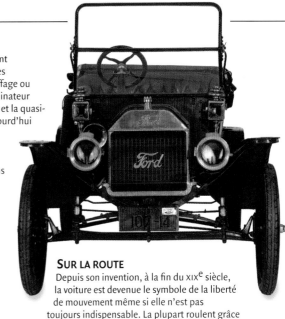

SUR LA ROUTE

Depuis son invention, à la fin du XIXe siècle, la voiture est devenue le symbole de la liberté de mouvement même si elle n'est pas toujours indispensable. La plupart roulent grâce à un hydrocarbure provenant du pétrole. Les moteurs sont bien plus efficaces qu'autrefois, mais leur consommation moyenne en carburant n'a pas diminué, car la majorité des modèles sont très lourds et puissants. En 1910, avec 10 litres d'essence, cette Ford T pouvait parcourir près de 90 km. Les constructeurs européens ont su développer de nombreux petits modèles plus économes (4 l/100 km).

LES TRANSPORTS FERROVIAIRES

Si la machine à vapeur fonctionnant au charbon est aujourd'hui obsolète, de nombreuses entreprises ferroviaires emploient encore des locomotives diesel ou diesel-électrique, comme ce modèle américain, tributaires des énergies fossiles. Les lignes électrifiées, elles, utilisent de l'énergie générée par des combustibles fossiles, dont le charbon : de nombreux trains électriques, par conséquent, fonctionnent en quelque sorte au charbon. Cela dit, le transport ferroviaire est plus écologique que le transport routier : transporter 1 000 kg de marchandises par la route produit environ 18 kg de CO_2, contre 1,5 kg par le train.

LES TRANSPORTS AÉRIENS

L'avion est un gros producteur de CO_2 et d'autres polluants comme les oxydes d'azote. Ces émissions ont lieu à très haute altitude. Les court-courriers, en particulier, sont polluants, car la majeure partie du vol consistant à prendre de l'altitude, les moteurs sont alors à pleine puissance. Un vol de 300 km émet jusqu'à douze fois plus de CO_2 par passager qu'un trajet équivalent en train.

Le moteur de l'avion rejette du CO_2 et autres polluants.

LES « KILOMÈTRES ALIMENTAIRES »

Nombre d'aliments proviennent de contrées lointaines : la banane, par exemple, ne pousse que dans les pays tropicaux, de sorte que les autres pays doivent l'importer. Nous importons également des aliments que nous pouvons produire, mais à certaines saisons seulement. Le transport de toutes ces denrées consomme beaucoup d'énergie, surtout par voie aérienne, le bateau étant moins gourmand en énergie. Il vaut donc mieux consommer les fruits et légumes de saison ou ceux qui arrivent par bateau, comme la banane.

LES FACTEURS AGGRAVANTS

La déforestation et l'emploi de combustibles fossiles ne sont pas les seules activités humaines créant un risque climatique. D'autres facteurs de la vie moderne aggravent la situation. Certains produisent plus de gaz à effet de serre, comme le méthane, l'oxyde d'azote et les chlorofluorocarbones (CFC) qui, émis en plus petite quantité que le CO_2, sont cependant bien plus puissants. Une molécule de méthane, par exemple, pollue autant que 25 molécules de CO_2. Les suies et autres formes nuageuses de pollution atmosphérique affectent le climat en réfléchissant ou en absorbant les rayons solaires, c'est-à-dire en le refroidissant ou en le réchauffant.

L'ÉLEVAGE DU BÉTAIL
L'appétit des hommes pour la viande de bœuf a considérablement accru l'élevage du bétail, en particulier aux tropiques. Or la digestion des vaches produit énormément de méthane, près de 100 millions de tonnes par an.

Hamburger

Les déchets sont déchargés, comprimés et recouverts.

LA RIZICULTURE
Entre 10 et 15 % des émissions mondiales de méthane proviennent de la culture du riz. Les microbes présents dans le sol inondé des rizières absorbent le carbone libéré par les plants de riz et le convertissent en méthane, qui s'échappe dans l'atmosphère.

Les déchets alimentaires produisent du méthane.

LE CIMENT ET LE CARBONE
Les cimenteries comme celle-ci fabriquent le ciment en transformant du calcaire en oxyde de calcium (chaux) et en CO_2. Le processus consiste à pulvériser le calcaire et à le chauffer à environ 1 450 °C, ce qui consomme énormément de combustible. Le ciment étant très lourd, son transport implique par ailleurs la consommation d'une grande quantité de carburant. En fait, la production d'un sac de ciment libère à peu près la même quantité de CO_2 dans l'atmosphère que son transport.

Le plastique et le métal ne se décomposent pas.

LES DÉCHARGES
Les pays industrialisés génèrent d'immenses quantités de déchets. Une partie est incinérée, ce qui produit du CO_2 et d'autres gaz encore plus nocifs. Une partie encore plus importante est enfouie dans des décharges où, par manque d'air, les déchets ne peuvent se décomposer normalement. Les déchets alimentaires et autres résidus organiques sont dégradés par des bactéries qui n'ont pas besoin d'oxygène mais qui rejettent le carbone sous forme de méthane, un gaz à effet de serre très puissant. L'enfouissement des déchets contribue donc aussi au réchauffement climatique.

L'OXYDE D'AZOTE

Gaz relativement rare, l'oxyde d'azote est environ 300 fois plus puissant que le CO_2. S'il est produit de façon naturelle par les bactéries du sol, un sol dénudé, en revanche, peut en émettre deux fois plus. Les engrais synthétiques utilisés par les agriculteurs en libèrent également.

Les réfrigérateurs sont débarrassés de leur gaz, puis démontés.

Les camions ramassent les déchets ménagers.

Pollution

LES CHLOROFLUOROCARBONES (CFC)

Divers gaz artificiels sont de puissants gaz à effet de serre. Parmi eux, les CFC qui étaient autrefois utilisés comme réfrigérants dans les réfrigérateurs. Lorsque ces appareils sont mis au rebut, il faut d'abord les débarrasser avec précaution du gaz qu'ils contiennent.

LES AÉROSOLS

Certains polluants forment de petits nuages de particules, les aérosols, qui réduisent la puissance des rayons solaires en les réfléchissant ou en les absorbant. Ces dernières décennies, ils ont diminué l'impact de l'effet de serre, mais comme ils ne restent pas longtemps dans l'air, réduire ces polluants pourrait accélérer le réchauffement climatique.

LA RÉVERBÉRATION DE SURFACE

Les suies en suspension voyagent jusqu'en Arctique, où elles se déposent sur la neige et la glace, les obscurcissent et diminuent la réverbération des rayons du Soleil. L'énergie solaire est donc absorbée, ce qui provoque un réchauffement de l'Arctique, la fonte des neiges et des banquises flottantes.

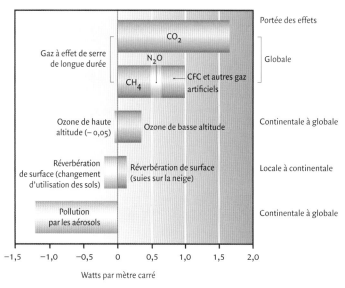

Portée des effets

Gaz à effet de serre de longue durée — CO_2, N_2O, CH_4, CFC et autres gaz artificiels — Globale

Ozone de haute altitude (− 0,05) / Ozone de basse altitude — Continentale à globale

Réverbération de surface (changement d'utilisation des sols) / Réverbération de surface (suies sur la neige) — Locale à continentale

Pollution par les aérosols — Continentale à globale

−1,5   −1,0   −0,5   0   0,5   1,0   1,5   2,0

Watts par mètre carré

RÉCHAUFFEMENT ET REFROIDISSEMENT

Ce graphique montre les principales causes de changement climatique et leur part de responsabilité. Le dioxyde de carbone (CO_2), le méthane (CH_4), l'oxyde d'azote (N_2O), les gaz artificiels de type CFC, l'ozone de basse altitude et la pollution de la neige par les suies sont des causes de réchauffement. En bleu, les causes de refroidissement : changement d'utilisation des sols et pollution par les aérosols.

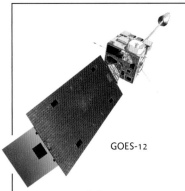

SATELLITE MÉTÉOROLOGIQUE
Lancé en juillet 2001, le satellite environnemental GOES-12 est l'un des nombreux engins spatiaux en orbite qui, grâce à leurs capteurs, permettent de surveiller les conditions météorologiques de la basse atmosphère, à 36 000 km en dessous d'eux.

GOES-12

CANICULE ET SÉCHERESSE

En analysant les données météorologiques et climatiques collectées dans le monde entier et transmises par satellite, les scientifiques peuvent les comparer avec les données du passé et en déduire le niveau de réchauffement de la planète. Pour d'autres personnes, le changement climatique est bien plus réel : les canicules peuvent tuer. Les sécheresses raréfient l'eau potable, détruisent les récoltes, déciment les animaux d'élevage et transforment les terres fertiles en déserts. Certaines sont dues à des cycles naturels, mais certains déserts résultent de mauvaises pratiques agricoles comme le surpâturage. Quoi qu'il en soit, les périodes de chaleur ou de sécheresse extrêmes sont de plus en plus fréquentes.

LES CANICULES
Les températures extrêmement élevées sont de plus en plus fréquentes. Ce ne sont pas toujours des pics de chaleur diurnes records, mais de longues périodes de températures élevées, les canicules. Pendant la canicule qui a sévi en Europe, en août 2003, Paris a connu neuf jours successifs à plus de 35 °C. Le 10 août, Londres a enregistré la plus forte température de son histoire, soit 38,1 °C, et la ville portugaise d'Amareleja un maximum de 47,3 °C. Cette femme se rafraîchit dans une fontaine de Prague pendant la canicule qui a touché la République tchèque en juillet 2007.

LE BILAN HUMAIN
La chaleur tue, surtout si elle est continue, de jour comme de nuit. Dans les régions comme le sud des États-Unis, la population s'en accommode grâce aux appareils de climatisation, qui contribuent d'ailleurs au réchauffement climatique. Dans les régions non équipées, les personnes âgées sont les plus vulnérables, car leur organisme a du mal à éliminer la chaleur. En France, 80 % des 19 490 victimes de la canicule de 2003 avaient plus de 75 ans. Au niveau européen, on estime à 70 000 le nombre total de décès.

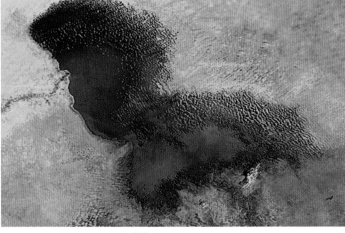

1973

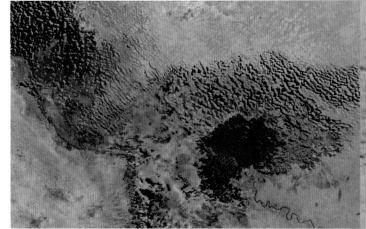

2001

L'ÉVAPORATION DES LACS
La chaleur fait évaporer les eaux de surface et dessèche le sol. Si l'humidité n'est pas remplacée par des pluies, le niveau des eaux souterraines baisse et le sous-sol aspire les eaux des lacs. Ce problème est souvent aggravé par les prélèvements d'eau opérés par les systèmes d'irrigation pour arroser les cultures dépérissantes. Ces quarante dernières années, la combinaison de ces facteurs a pratiquement asséché le lac Tchad, à la limite méridionale du Sahara. Ces deux images satellites ont été prises à 28 ans d'intervalle : le lac, autrefois le sixième du monde par la taille, ne fait plus qu'un vingtième de ses dimensions d'origine.

LA DÉSERTIFICATION

S'il ne tombe pas suffisamment de pluie pour compenser l'évaporation de l'eau du sol, ce dernier peut se transformer progressivement en poussière. Ce processus peut être accéléré, voire causé, par une mauvaise gestion de la terre, comme ce fut le cas dans le Midwest américain, dans les années 1930, ou, plus récemment, dans le Sahel africain, à la limite sud du Sahara. Et si les précipitations sont inférieures au seuil critique, même les terres les mieux gérées deviendront un désert. Ce phénomène pourrait se produire dans l'est et le sud-est de l'Australie où, en 2006, les précipitations ont été parmi les plus faibles jamais enregistrées. La faiblesse des pluies, par ailleurs, provoque l'extension du désert de Gobi, en Asie centrale, et des tempêtes de poussière dans de vastes régions de Chine et de Mongolie. Cette femme mongole rapporte de l'eau chez elle pendant l'une de ces tempêtes de poussière.

Sécheresse

Pendant une tempête, cette femme se protège avec une écharpe contre les poussières en suspension.

DES COURS D'EAU ASSÉCHÉS

Par manque de pluie, un cours d'eau peut s'assécher. C'est arrivé au plus grand fleuve du monde, l'Amazone, qui a connu en 2005 sa pire sécheresse depuis 40 ans. Nombre de ses affluents ont ainsi rétréci en largeur, exposant de vastes surfaces de terre sèche et craquelée, couverte de boue et de poissons morts. Le Rio Negro, son principal affluent septentrional, a connu son niveau le plus bas depuis 1920, année où l'on a commencé à enregistrer ses fluctuations.

SÉCHERESSE ET FAMINE

Les personnes vivant à la limite des déserts dépendent des pluies saisonnières pour faire pousser leurs cultures et faire boire leur bétail. Si un changement climatique les prive de cette eau, les cultures et les animaux périssent, comme ici dans le sud de l'Éthiopie, en 2006. Sans nourriture, la population est exposée à la famine.

LES INCENDIES DE FORÊT

Ces pompiers tentent désespérément de sauver cette maison de l'incendie de forêt déclenché par la chaleur et la sécheresse. Dans les régions sèches comme l'Australie, de nombreuses plantes sont capables de résister au feu mais, lors d'une période de sécheresse prolongée, celui-ci peut atteindre des zones où la végétation n'est pas adaptée pour survivre. Dans certaines parties de l'Amazonie, la sécheresse et la déforestation dessèchent à tel point le sol que des incendies se propagent dans des forêts qui n'en ont jamais connu auparavant.

QUAND LA GLACE FOND

Dans les régions de climat froid, la neige s'accumule, se compacte et forme la glace solide des glaciers et des calottes polaires ; les océans polaires, qui gèlent en surface l'hiver, forment des banquises flottantes. Une grande partie de cette glace fond actuellement : la banquise arctique rétrécit, les barrières de glace de l'Antarctique s'effondrent et les glaciers reculent. À la limite des pôles, la glace du sous-sol fond elle aussi, modifiant peu à peu (en 30 ans, le temps de croissance des arbres) la toundra en toundra arbustive.

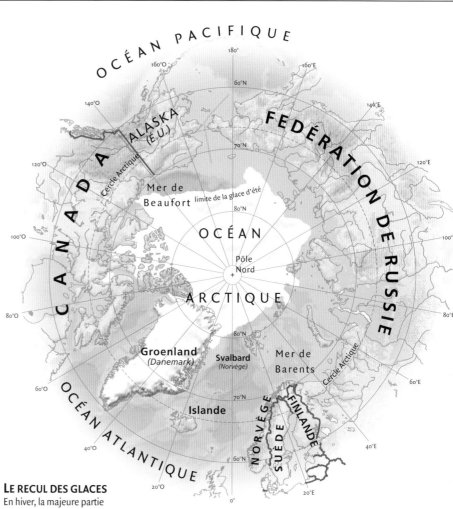

Agissant comme un miroir, la glace réfléchit l'énergie solaire.

Les eaux sombres absorbent l'énergie et se réchauffent.

LA FONTE S'ACCÉLÈRE
La glace immaculée réfléchit la majeure partie de l'énergie solaire. Mais si elle fond, elle cède la place aux eaux océaniques sombres, qui absorbent la plupart des rayons et se réchauffent : cette rétroaction positive accélère la vitesse à laquelle les glaces arctiques fondent.

LE RECUL DES GLACES
En hiver, la majeure partie de l'océan Arctique se couvre de banquise flottante, dont l'épaisseur peut atteindre 3 m et sa superficie, celle des États-Unis. La moitié de cette zone fond l'été, ne laissant glacé que le centre de l'océan Arctique. Depuis 1979, la superficie de cette calotte d'été a diminué d'environ 1,5 million de km², soit trois fois la superficie de la France. Pendant les années 1990, son épaisseur moyenne a par ailleurs été réduite de 1 m.

Un iceberg s'est détaché du front flottant de la calotte.

LE GROENLAND
La majorité du Groenland est recouverte d'une énorme calotte de glace, épaisse de plus de 3 km en son centre. Chaque été, la bordure de cette calotte devient plus fine et la zone touchée s'étend. Par ailleurs, les glaciers qui descendent de cette calotte vers la mer se déplacent plus vite et accélèrent le rythme auquel les icebergs se détachent et fondent. Ces deux processus provoquent une hausse du niveau de la mer.

LA FONTE DU PERGÉLISOL
Dans près d'un quart de l'hémisphère Nord, il fait si froid que le sol est constamment gelé en profondeur. En hiver, ce pergélisol est recouvert d'une couche de glace superficielle qui fond l'été, créant ainsi de vastes zones détrempées. Dans de nombreuses régions de la limite sud de l'Arctique, la couche superficielle active épaissit chaque année, fait fondre la glace ancienne et sape les fondations des bâtiments, comme cette maison d'Irkoutsk, en Sibérie, qui s'enfonce lentement dans le sol.

LE RECUL DES GLACIERS

Quand la neige s'accumule et se compacte, elle finit par former un glacier, un « fleuve » de glace qui descend lentement les pentes en creusant de profondes vallées en U. Dans les régions polaires, de nombreux glaciers descendent jusqu'à la mer, où ils se détachent par pans entiers, qui tombent dans l'eau et forment des icebergs. Mais la plupart des glaciers des hautes vallées se transforment en rivières et en lacs d'eau de fonte bien avant d'avoir atteint la côte. Dans le monde entier, la hausse des températures fait fondre le front de ces glaciers, qui régressent donc vers l'amont, là où il fait plus froid. Ce retrait peut être considérable, comme le montrent ces deux photographies du glacier Upsala, en Patagonie (Amérique du Sud) : celle du haut date de 1928 et celle du bas de 2004.

L'ANTARCTIQUE

Le continent Antarctique est recouvert d'une gigantesque calotte de glace, d'une épaisseur pouvant atteindre 4,5 km et d'une superficie de 14 millions de km². À l'est des monts Transantarctiques, la gigantesque calotte semble gagner en glace, tandis que la calotte plus petite de l'ouest en perd. Sur la péninsule Antarctique, la glace fond plus vite car les températures y augmentent plus rapidement qu'ailleurs dans le monde, de 3 °C depuis 1951.

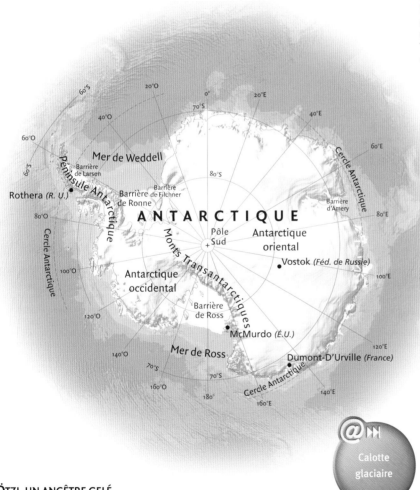

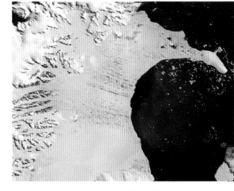

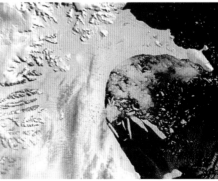

ÖTZI, UN ANCÊTRE GELÉ

En 1991, un cadavre gelé a été découvert dans un glacier alpin. Les tests ont prouvé que l'homme avait été conservé par la glace pendant 5 300 ans, avec sa hache en cuivre et tout son équipement de l'âge du bronze. Toute la zone où a été retrouvé le cadavre a aujourd'hui dégelé.

Calotte glaciaire

DES BARRIÈRES S'EFFONDRENT

Début 2002, à la pointe de la péninsule Antarctique, 3 250 km² de la barrière de Larsen, d'une épaisseur de 200 m, se sont effondrés en l'espace de 35 jours, formant des icebergs à la dérive. Ces images satellites montrent des nappes d'eau de fonte (bleue) se formant à la surface le 31 janvier (en haut) et la barrière qui s'effondre 23 jours plus tard.

LA HAUSSE DU NIVEAU DE LA MER
En chauffant, l'eau de l'océan se dilate et relève légèrement le niveau de la mer. Mais les indicateurs comme celui-ci montrent une hausse bien supérieure, ce qui prouve que l'eau de fonte des glaces joue un rôle.

LE RÉCHAUFFEMENT OCÉANIQUE
Les effets du réchauffement climatique sont souvent dramatiques pour les continents, mais moins manifestes pour les océans. Jusqu'à présent, les océans se sont moins réchauffés que les continents, notamment parce que le processus est plus lent. Mais la chaleur qu'ils ont absorbée continuera de les réchauffer même si toutes les émissions de gaz à effet de serre cessaient dès demain. Les eaux océaniques vont ainsi s'étendre et le niveau de la mer monter, un phénomène aggravé par l'eau de fonte des calottes, qui se déverse dans les océans. Les eaux superficielles plus chaudes freinent la croissance du plancton et l'absorption de CO_2 ; elles renforcent par ailleurs la puissance des tempêtes qui balaient les continents proches, avec des effets parfois dévastateurs.

L'EAU DE FONTE
L'eau qui fait monter le niveau de la mer provient de la fonte des glaciers et des calottes glaciaires continentales. Si la glace flottante fond, le niveau de la mer ne change pas parce que cette glace est déjà dans la mer, et ne fait que passer de l'état solide à l'état liquide. Mais lorsque la glace continentale fond, l'eau correspondante se déverse dans l'océan. Si ce glacier dégèle complètement, toute l'eau s'écoulera dans la mer.

Les icebergs sont des fragments de glacier flottants.

LES ICEBERGS
Dans les régions polaires et limitrophes, les glaciers descendent jusqu'à la mer. Leur front flotte, de sorte que lorsque des fragments de glace se détachent, ils tombent dans l'eau et dérivent en icebergs flottants. Qu'ils restent à l'état solide ou fondent, ils élèvent le niveau de la mer de la même façon. Certains icebergs sont gigantesques, ce qui est peu visible puisque 90 % de leur masse sont immergés. Ils sont extrêmement dangereux pour la navigation.

DES ÎLES DISPARAISSENT
La hausse du niveau de la mer a déjà commencé à détruire les Tuvalu, un archipel corallien du Pacifique, dont la majeure partie est située à 2 ou 3 m au-dessus du niveau de la mer. Lors des grandes marées, de grosses vagues pénètrent dans les terres, inondent les maisons et contaminent les cultures et l'eau potable avec de l'eau salée. Sachant que le niveau de la mer continuera de monter pendant 1 000 ans, même si toutes les émissions de gaz à effet de serre s'arrêtaient, les 11 000 habitants de Tuvalu devront un jour quitter leurs îles. D'autres pays insulaires, comme les Maldives, sont tout aussi menacés.

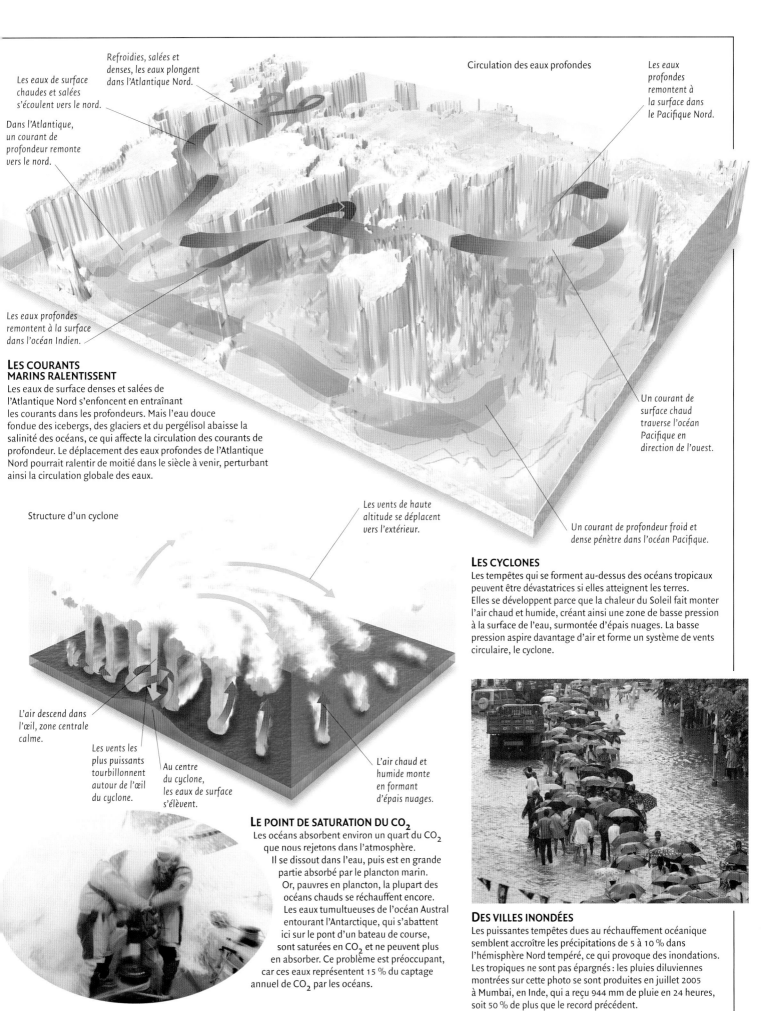

Refroidies, salées et denses, les eaux plongent dans l'Atlantique Nord.

Les eaux de surface chaudes et salées s'écoulent vers le nord.

Dans l'Atlantique, un courant de profondeur remonte vers le nord.

Circulation des eaux profondes

Les eaux profondes remontent à la surface dans le Pacifique Nord.

Les eaux profondes remontent à la surface dans l'océan Indien.

Un courant de surface chaud traverse l'océan Pacifique en direction de l'ouest.

Un courant de profondeur froid et dense pénètre dans l'océan Pacifique.

LES COURANTS MARINS RALENTISSENT

Les eaux de surface denses et salées de l'Atlantique Nord s'enfoncent en entraînant les courants dans les profondeurs. Mais l'eau douce fondue des icebergs, des glaciers et du pergélisol abaisse la salinité des océans, ce qui affecte la circulation des courants de profondeur. Le déplacement des eaux profondes de l'Atlantique Nord pourrait ralentir de moitié dans le siècle à venir, perturbant ainsi la circulation globale des eaux.

Structure d'un cyclone

Les vents de haute altitude se déplacent vers l'extérieur.

L'air descend dans l'œil, zone centrale calme.

Les vents les plus puissants tourbillonnent autour de l'œil du cyclone.

Au centre du cyclone, les eaux de surface s'élèvent.

L'air chaud et humide monte en formant d'épais nuages.

LES CYCLONES

Les tempêtes qui se forment au-dessus des océans tropicaux peuvent être dévastatrices si elles atteignent les terres. Elles se développent parce que la chaleur du Soleil fait monter l'air chaud et humide, créant ainsi une zone de basse pression à la surface de l'eau, surmontée d'épais nuages. La basse pression aspire davantage d'air et forme un système de vents circulaire, le cyclone.

LE POINT DE SATURATION DU CO_2

Les océans absorbent environ un quart du CO_2 que nous rejetons dans l'atmosphère. Il se dissout dans l'eau, puis est en grande partie absorbé par le plancton marin. Or, pauvres en plancton, la plupart des océans chauds se réchauffent encore. Les eaux tumultueuses de l'océan Austral entourant l'Antarctique, qui s'abattent ici sur le pont d'un bateau de course, sont saturées en CO_2 et ne peuvent plus en absorber. Ce problème est préoccupant, car ces eaux représentent 15 % du captage annuel de CO_2 par les océans.

DES VILLES INONDÉES

Les puissantes tempêtes dues au réchauffement océanique semblent accroître les précipitations de 5 à 10 % dans l'hémisphère Nord tempéré, ce qui provoque des inondations. Les tropiques ne sont pas épargnés : les pluies diluviennes montrées sur cette photo se sont produites en juillet 2005 à Mumbai, en Inde, qui a reçu 944 mm de pluie en 24 heures, soit 50 % de plus que le record précédent.

DES DONNÉES VENUES DES PROFONDEURS

Les courants océaniques exercent une puissante influence sur le climat car ils redistribuent la chaleur autour du globe. Grâce aux échantillons d'eau prélevés à différentes profondeurs, les scientifiques vérifient, en fonction de leur température et de leur composition chimique, si la circulation océanique change, et de quelle façon.

LA RECHERCHE OCÉANIQUE

La recherche climatique se déroule le plus souvent en mer, car la dynamique des océans compte pour beaucoup dans le système climatique général. Les données recueillies chaque jour permettent de mieux comprendre le fonctionnement du système et la façon dont l'interaction entre les océans et l'atmosphère influe sur les changements climatiques. La technologie employée inclut des capteurs fixés sur des bouées automatisées, des submersibles miniatures et même des satellites.

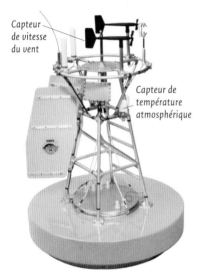

Capteur de vitesse du vent

Capteur de température atmosphérique

LES NAVIRES OCÉANOGRAPHIQUES

Le *Pourquoi pas?*, *L'Atalante*, le *Marion Dufresne* sont quelques-uns des navires de recherche français permettant aux scientifiques d'étudier les océans et le climat dans le monde entier. Le RRS (Royal Research Ship) *James Cook* britannique (ci-dessous), doté de 22 membres d'équipage, possède le matériel nécessaire à 32 scientifiques spécialisés dans tous les domaines de la recherche océanique, de la météorologie marine à la géologie des fonds marins. D'une autonomie de 50 jours, ce bateau étudie aussi bien les eaux profondes que côtières, des tropiques à la limite des glaces polaires. En outre, une liaison satellite lui permet d'échanger des données avec des organismes de recherche du monde entier.

Communications satellite

LES MESURES DE SURFACE

Comprendre l'interaction entre l'atmosphère et l'océan est essentiel à l'étude des climats. Cette balise est l'une des nombreuses à recueillir des mesures indispensables comme la température de l'air et de la mer, la pression atmosphérique et la vitesse du vent, puis à les transmettre à un site d'observation.

Portique de manœuvre

Treuil

ANALYSE D'UN RÉCIF

Ce plongeur prélève un échantillon sur une île corallienne du Pacifique en vue d'analyser la croissance du récif. La croissance des coraux au fil des siècles fournit de précieuses données sur les climats océaniques du passé et les variations du niveau des mers.

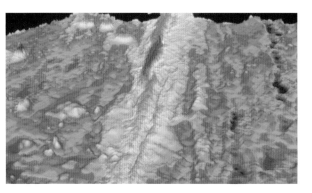

LES SONDES ACOUSTIQUES

Depuis les années 1960, les océanographes utilisent les signaux sonores pour établir des cartes détaillées en trois dimensions du plancher océanique et explorer des traits topographiques comme cette faille sous-marine dans le Pacifique. Ces informations sont essentielles pour la recherche car les ordinateurs sont maintenant capables de modéliser l'interaction des eaux courantes avec le fond océanique. Affectées par la température de l'eau, les ondes sonores servent également à détecter les flux d'eaux chaudes et froides dans les océans et les fluctuations susceptibles d'avoir un lien avec le réchauffement climatique.

L'ÉCOLOGIE DES OCÉANS

Les bancs de plancton comme celui-ci, dans la mer Baltique, absorbent une grande partie du CO_2 que nous rejetons dans l'atmosphère. La détection par satellite permet aux scientifiques de surveiller la répartition et l'abondance de ce plancton, et d'observer sa réaction aux changements climatiques.

Organismes unicellulaires formant un vaste nuage vert

Image satellite de la mer Baltique

Poste de navigation

Plate-forme météorologique

« Planeur » alimenté par batterie

SOUS LES VAGUES

Les « planeurs sous-marins » comme celui-ci glissent silencieusement sous l'eau en collectant des données sur de vastes distances. Dotés d'une autonomie d'un mois, ils sont équipés de capteurs détectant et mesurant les vagues, les courants et de nombreuses autres variables utiles aux scientifiques pour établir le rôle de l'océan dans les changements climatiques. À intervalles réguliers, ces engins remontent à la surface pour transmettre les données par satellite aux laboratoires océaniques situés à terre.

Le bateau tient son nom du capitaine James Cook (1728-1779), célèbre navigateur et explorateur britannique.

SURVIVRE À LA CHALEUR

À long terme, la faune et la flore évoluent pour s'adapter au climat, qu'il soit chaud ou froid. L'évolution est un processus, au cours duquel ceux qui ne parviennent pas à s'adapter disparaissent. Parallèlement, d'autres organismes prospèrent en développant des caractéristiques assurant leur survie : de nouvelles espèces apparaissent dans un environnement nouveau. C'est ce qui a permis aux mammifères de s'imposer après l'extinction des dinosaures voilà 65 millions d'années. La récente disparition de certaines espèces annonce peut-être le début d'un processus similaire.

DES RÉCIFS SURCHAUFFÉS
Avec le réchauffement des océans tropicaux, les récifs coralliens souffrent. Les coraux vivent en symbiose avec des organismes microscopiques qui croissent dans leurs tissus et fabriquent de la nourriture par photosynthèse. Mais si l'eau devient trop chaude, les coraux expulsent ces organismes colorés et blanchissent, comme on le voit sur cette image. Ils peuvent survivre quelque temps à ce blanchiment, mais si l'eau reste trop chaude, ils manquent de nourriture et finissent par mourir. La hausse de la température des océans pourrait amplifier ce phénomène et menacer les coraux d'extinction.

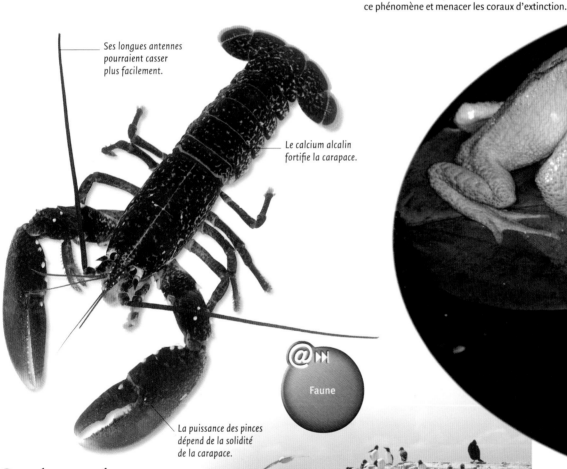

Ses longues antennes pourraient casser plus facilement.

Le calcium alcalin fortifie la carapace.

Faune

La puissance des pinces dépend de la solidité de la carapace.

DES OCÉANS ACIDIFIÉS
Lorsque la pluie dissout le CO_2 de l'atmosphère, elle forme un acide carbonique faible. Le même processus touche les océans, qui absorbent le CO_2 de l'air. Cela ne les rend pas acides, mais moins alcalins, c'est-à-dire moins résistants à l'acidité. Ce changement pourrait être une menace pour de nombreux animaux marins comme les coraux, les coquillages et ce homard, qui absorbent les minéraux alcalins de l'eau pour se fabriquer une carapace dure.

DES OISEAUX MARINS AFFAMÉS
La chaîne alimentaire des océans repose sur le minuscule plancton, nourriture des poissons dont s'alimentent des prédateurs comme les oiseaux marins. Le réchauffement océanique modifiant la répartition du plancton, les poissons s'éloignent des sites de nidification des oiseaux. Dans l'Atlantique Nord, des colonies d'oiseaux comme ces guillemots s'amenuisent par manque de nourriture.

LA DISPARITION DES ZONES HUMIDES

Les sécheresses étant de plus en plus fréquentes et les populations humaines s'accroissant et consommant plus d'eau, les zones humides comme les marais et les lacs commencent à s'assécher. Or, elles sont vitales pour de nombreux animaux, non seulement comme habitat mais comme source d'eau potable, de sorte que leur disparition serait catastrophique pour la vie sauvage. Ces scientifiques étudient les effets des variations du niveau de l'eau dans un marécage de Floride, aux États-Unis.

MIGRATIONS VERS L'AMONT

Nombre d'animaux et de plantes sont adaptés à la haute montagne, là où le froid empêche les arbres de pousser. Les températures s'élevant, les arbres s'installent lentement de plus en plus haut, repoussant d'autant plus haut les espèces de haute altitude. Si elles finissent par manquer d'espace, elles disparaîtront. Dans l'Himalaya (ci-contre), tous les animaux vont peu à peu devoir migrer plus haut.

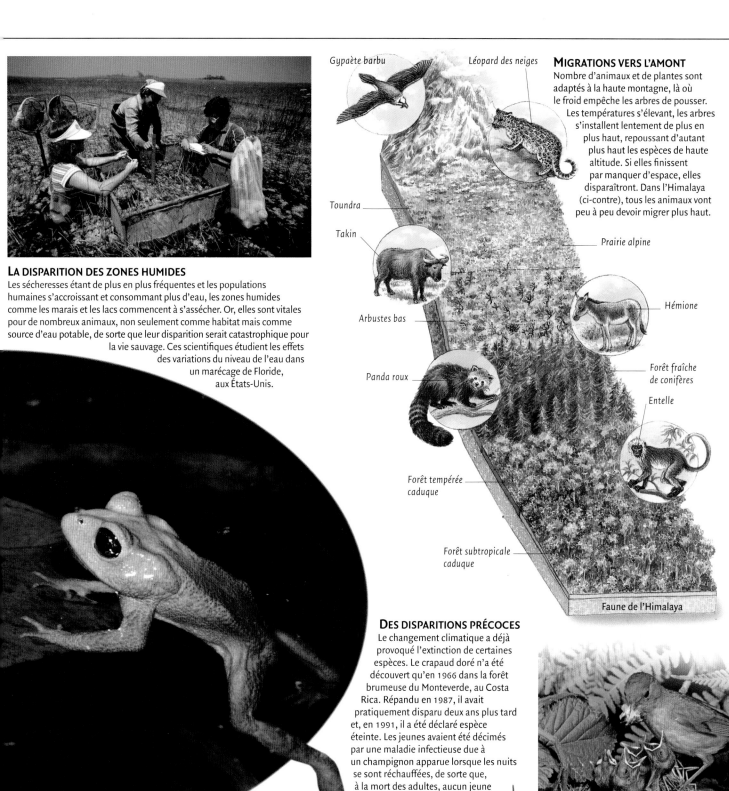

Gypaète barbu

Léopard des neiges

Toundra

Takin

Arbustes bas

Panda roux

Forêt tempérée caduque

Forêt subtropicale caduque

Prairie alpine

Hémione

Forêt fraîche de conifères

Entelle

Faune de l'Himalaya

DES DISPARITIONS PRÉCOCES

Le changement climatique a déjà provoqué l'extinction de certaines espèces. Le crapaud doré n'a été découvert qu'en 1966 dans la forêt brumeuse du Monteverde, au Costa Rica. Répandu en 1987, il avait pratiquement disparu deux ans plus tard et, en 1991, il a été déclaré espèce éteinte. Les jeunes avaient été décimés par une maladie infectieuse due à un champignon apparue lorsque les nuits se sont réchauffées, de sorte que, à la mort des adultes, aucun jeune ne pouvait les remplacer.

MIGRATIONS ET EXPANSIONS

Certains animaux semblent s'adapter au changement climatique. Dotés d'une courte durée de vie et d'un taux de reproduction rapide, les insectes sont capables d'évoluer vite, et beaucoup s'installent facilement dans de nouveaux habitats. C'est le cas des moustiques vecteurs de maladie, qui peuvent répandre des maladies comme le paludisme et le virus du Nil occidental dans des zones autrefois trop froides pour les insectes.

Les moustiques, vecteurs du paludisme, font plus d'un million de morts par an.

MAUVAIS TIMING

La hausse des températures peut perturber l'équilibre de la nature. En Europe, la chenille des bois éclot deux semaines plus tôt qu'avant, de sorte qu'à leur retour d'Afrique pour se reproduire, les oiseaux n'en trouvent pratiquement plus : de nombreux jeunes meurent de faim.

LE CAS DE L'OURS POLAIRE

Le changement climatique menace les animaux de l'Arctique. La glace régressant chaque année, celle d'été pourrait avoir totalement disparu d'ici 2070, voire avant. L'espèce la plus vulnérable, l'ours polaire, occupe le sommet de la pyramide alimentaire. Il se nourrit surtout de phoques, qui mangent des poissons, lesquels mangent de plus petits poissons et des crustacés. Si le réchauffement de l'océan Arctique interrompt la chaîne alimentaire, toute la faune en pâtira, l'ours en premier puisqu'il se nourrit de crustacés, de poissons et de phoques. Chassé des zones d'habitations où il pourrait trouver une autre nourriture, reclus sur une glace en voie de disparition, l'ours polaire serait condamné à disparaître.

UN OURS MARIN

L'ours polaire, ou ours blanc, descend de l'ours brun, le grizzly d'Amérique, dont il s'est différencié il y a environ 250 000 ans par le jeu de l'évolution. Il vit sur la banquise de l'océan Arctique, mais préfère la glace plus fine mais stable qui se forme l'hiver à la périphérie de l'épaisse glace permanente entourant le pôle Nord. Vagabondant sur de vastes zones de l'océan glacé, il est capable de nager pendant des heures pour traverser les eaux libres de glace. L'ours blanc passe le plus clair de son temps dans la mer.

Ours

UN GRAND CHASSEUR

Les proies préférées de l'ours polaire sont le phoque annelé (ou marbré) et le phoque barbu. L'ours capture les adultes au moment où ils remontent respirer par un trou dans la glace. Doté d'un excellent odorat, il est capable de détecter à près d'un kilomètre la présence d'un trou de respiration. Au début de l'été, il renifle la neige pour découvrir les cavités abritant les jeunes phoques annelés et casse la glace pour les attraper.

Phoque annelé
(ou marbré)

POUPONNIÈRE D'HIVER

Lorsque la banquise fond, l'ours ne peut plus chasser et peut rester quatre mois sans manger, jusqu'à ce que la mer gèle à nouveau à l'automne. Les femelles pleines se retirent dans des tanières de neige, où elles mettent bas au milieu de l'hiver, et nourrissent leurs petits de leur lait très nutritif jusqu'à ce qu'ils puissent sortir, au printemps.

LE RECUL DE LA GLACE

La hausse des températures induit que de vastes portions d'océan autrefois glacées toute l'année se transforment en eau libre, parsemée de quelques îlots de glace. L'ours polaire doit souvent nager sur de longues distances entre deux zones de glace stable, qui fond elle aussi au début de l'été. Cela le contraint à gagner la terre ferme, souvent avant d'avoir constitué des réserves suffisantes pour survivre sans manger jusqu'à ce que la mer s'englace à nouveau.

SAUVETAGE

Les ours polaires pouvant chasser sur la terre ferme, des individus affamés pénètrent parfois dans les villes l'été, lorsque la banquise fond, à la recherche de nourriture. Ces gros animaux sont dangereux. Lorsqu'ils deviennent une menace pour la population, ils sont endormis puis transportés par hélicoptère vers le Nord, là où la banquise est intacte. Ils retrouvent alors un territoire de chasse. L'ours, comme le loups autrefois en France, se trouve ici en concurrence avec l'homme qui ne le supporte pas.

POLLUTION ET EMPOISONNEMENT

Les ours polaires affamés s'aventurent souvent près des habitations humaines. Il leur arrive de fouiller dans les décharges, où ils risquent de manger des produits nocifs pour eux. Consommant naturellement beaucoup de graisse pour constituer leurs réserves d'énergie, certains vont jusqu'à avaler des graisses industrielles et de l'huile pour moteur mises au rebut. Enfin, de nombreux individus s'empoisonnent petit à petit en mangeant des proies contaminées par la pollution piégée dans la glace arctique en train de fondre.

UN AVENIR SOMBRE

Si la glace de mer disparaît totalement en été, l'avenir de l'ours polaire est en péril. Perdant leur habitat de reproduction, les phoques dont ils se nourrissent vont se raréfier. Les femelles ne trouveront plus à nourrir suffisamment les oursons pendant l'hiver. Chassés par les hommes des zones de terre ferme où ils pourraient se nourrir de cerfs, de chevreuils, voire d'élans, de nombreux individus finiront par mourir de faim. Il est donc fort probable que l'ours polaire disparaisse : seuls quelques spécimens pourront survivre dans les zoos.

LES PRÉDICTIONS CLIMATIQUES

Prédire l'avenir n'est pas facile. On sait que rejeter davantage de gaz à effet de serre dans l'atmosphère réchauffera encore la planète, mais à quel point et quels en seront les effets à l'échelle mondiale ? De nombreux facteurs sont à considérer, que les scientifiques prennent en compte lorsqu'ils établissent par ordinateur des modèles d'évolution climatique. Les projections qui en résultent sont concordantes : si rien n'est fait pour arrêter les changements climatiques, les températures s'élèveront de 3 °C ou plus d'ici 2100, avec les conséquences que l'on imagine.

DES ORDINATEURS PUISSANTS

On emploie des ordinateurs depuis des décennies pour prédire les fluctuations atmosphériques régissant le temps qu'il fait au jour le jour. Les prévisions à long terme sont bien plus délicates car elles impliquent des paramètres supplémentaires tels que les variations de végétation et d'englacement. Mais les superordinateurs comme ceux-ci sont capables de traiter une quantité considérable de données. De plus en plus puissants, ils améliorent constamment notre compréhension des phénomènes climatiques.

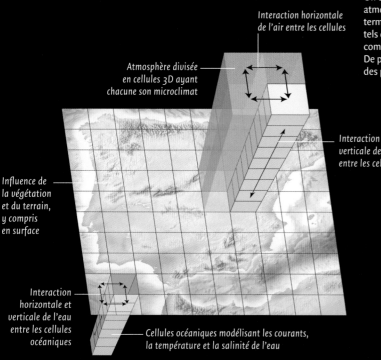

Interaction horizontale de l'air entre les cellules

Atmosphère divisée en cellules 3D ayant chacune son microclimat

Interaction verticale de l'air entre les cellules

Influence de la végétation et du terrain, y compris en surface

Interaction horizontale et verticale de l'eau entre les cellules océaniques

Cellules océaniques modélisant les courants, la température et la salinité de l'eau

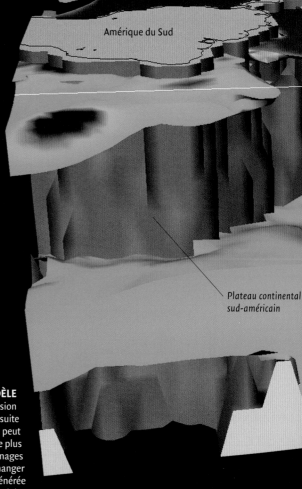

Amérique du Sud

Plateau continental sud-américain

LES MODÈLES CLIMATIQUES

Un modèle climatique est une représentation numérique de l'atmosphère sous forme de grille globale en trois dimensions. Ce modèle numérique est lié à des sous-modèles qui représentent d'autres systèmes comme les océans (ci-dessus) ou la croissance végétale. Le programme informatique permet de modifier certains facteurs variables comme la quantité de CO_2 dans l'atmosphère ou le degré de pollution apporté par les aérosols. Le modèle applique ensuite ces modifications à ce monde virtuel afin de voir leur impact sur le climat.

L'EXÉCUTION DU MODÈLE

Une fois lancé par l'ordinateur, le modèle climatique suit une succession de brèves étapes, qui peuvent durer moins d'une heure chacune et sont ensuite traitées en quelques secondes. Ainsi, établir une projection sur un siècle peut prendre plusieurs semaines, même si l'on dispose du superordinateur le plus puissant. Les résultats servent ensuite à réaliser des graphiques et des images montrant comment les températures et les précipitations pourraient changer selon les circonstances. Cette image tridimensionnelle a été générée par un modèle de changement des températures océaniques du globe.

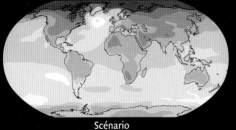

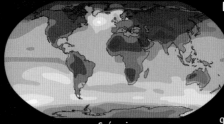

Scénario   Scénario

DIFFÉRENTS SCÉNARIOS

Chaque modèle climatique aboutit à un scénario spécifique sur l'évolution possible de notre planète. Le scénario le plus simple se fonde sur une croissance économique constante et la hausse des émissions de gaz à effet de serre correspondante. D'autres partent de l'hypothèse inverse. Ces deux planisphères montrent les hausses de température prévues à l'horizon 2090-2099, selon deux scénarios différents : un monde moins industrialisé qu'aujourd'hui (1) et un monde connaissant une rapide croissance économique (2).

VARIATIONS DE TEMPÉRATURE (°C)

0 0,5 1 1,5 2 2,5 3 3,5 4 4,5 5 5,5 6 6,5

CERTITUDES ET INCERTITUDES

Les projections climatiques sont des prévisions météorologiques à long terme : elles s'intéressent aux moyennes de l'ensemble du système sur une longue période, et à leurs variations, plutôt qu'aux fluctuations locales quotidiennes qui rendent les prévisions à court terme si difficiles. Si nous ne savons pas prédire le temps qu'il fera dans une semaine, en revanche, nous sommes certains que les températures augmenteront à la fin du siècle si nos rejets de gaz à effet de serre ne diminuent pas. Mais comme il est difficile de prendre en compte toutes les variables, les laboratoires de modélisation aboutissent à des projections différentes. Ce graphique montre huit simulations élaborées par sept laboratoires et fondées sur l'hypothèse selon laquelle nous ne ferions pas grand-chose pour réduire nos émissions.

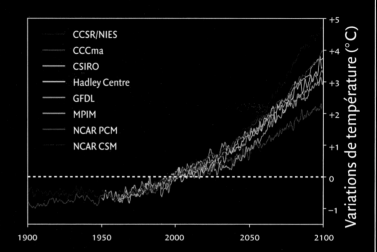

- CCSR/NIES
- CCCma
- CSIRO
- Hadley Centre
- GFDL
- MPIM
- NCAR PCM
- NCAR CSM

Variations de température (°C)

+5 +4 +3 +2 +1 0 −1

1900   1950   2000   2050   2100

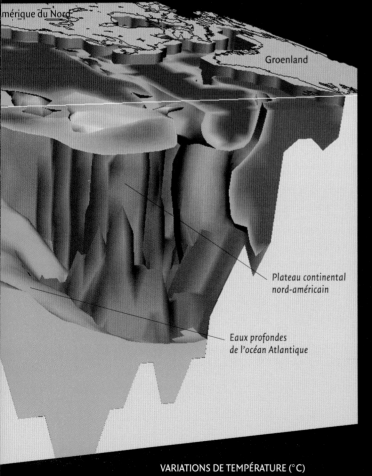

mérique du Nord

Groenland

Plateau continental nord-américain

Eaux profondes de l'océan Atlantique

VARIATIONS DE TEMPÉRATURE (°C)

−0,5 −0,4 −0,3 −0,2 −0,1 0 +0,1 +0,2 +0,3 +0,4 +0,5

Climat : évolution

UNE SOLUTION INNOVANTE

Il faut des semaines pour qu'un modèle climatique fasse ses calculs sur un siècle et aboutisse à une projection climatique. Les modèles fondés sur quatre ou cinq scénarios prennent quatre ou cinq fois plus de temps, et le nombre de variables est tel que des milliers de scénarios sont possibles. Même les ordinateurs les plus puissants ne suffisent pas. En 2003, le Britannique Myles Allen, analyste en climatologie, a trouvé une solution : proposer à des milliers d'internautes la version simplifiée d'un modèle climatique fonctionnant sur leur ordinateur personnel. Chaque volontaire télécharge un modèle fondé sur un scénario légèrement différent, qui travaille chaque fois que l'internaute allume son ordinateur, et dont les résultats peuvent même être affichés en économiseur d'écran. L'exécution complète de chaque modèle prend plusieurs mois, mais grâce à ce système de calcul partagé par des milliers d'ordinateurs, les résultats sont bien plus rapides qu'avec quelques supercalculateurs surchargés. D'après certains spécialistes, les résultats ne seraient cependant pas fiables.

39

D'ICI LA FIN DU SIÈCLE

Il est certain que la température globale moyenne va augmenter au cours du XXIe siècle. Même si nous cessions toute émission de gaz à effet de serre, les océans continueraient de libérer pendant des décennies la chaleur qu'ils ont accumulée. On ignore quel en sera l'impact précis sur le monde, mais les canicules, les sécheresses et les inondations redoubleront sans doute de fréquence. Une part croissante des glaciers et des glaces polaires fondra, ce qui fragilisera les écosystèmes et conduira certaines espèces à l'extinction. Certains de ces impacts sont inévitables, mais lutter contre le changement climatique limiterait les dégâts.

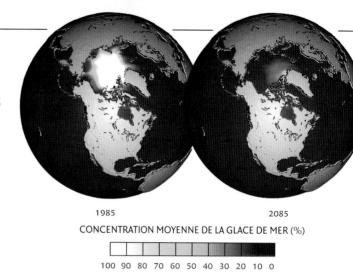

1985   2085

CONCENTRATION MOYENNE DE LA GLACE DE MER (%)

100 90 80 70 60 50 40 30 20 10 0

LE PÔLE NORD

Ces images montrent l'étendue de la glace d'été en Arctique en 1985, et la projection pour 2085. Pour de nombreux scientifiques, d'ici 2070 l'épaisse banquise recouvrant l'océan Arctique au niveau du pôle Nord pourrait fondre totalement l'été. Ce serait une catastrophe pour les phoques et les ours polaires de la région. La disparition de la glace d'été et le flux croissant d'eau de fonte dans la mer pourraient par ailleurs affecter les courants qui circulent dans l'océan Arctique et l'Atlantique Nord. La banquise se reformera en hiver, mais sa superficie sera moindre par rapport à aujourd'hui. Parallèlement, le grand Nord perdra une proportion accrue de son pergélisol (sol gelé en permanence).

L'EXPANSION DES DÉSERTS

Les scientifiques du GIEC (Groupe intergouvernemental d'experts sur l'évolution du climat) prédisent que la pluviométrie baissera de 20 % dans la plupart des régions subtropicales : celles qui sont déjà semi-désertiques s'assécheront et deviendront de véritables déserts. Ces derniers gagneront du terrain sur les terres broussailleuses et les pâturages voisins et pourraient même atteindre des zones actuellement en culture, comme la « ceinture du maïs » des États-Unis et les vignobles du sud de l'Europe. Plus au nord et au sud, les canicules se feront de plus en plus fréquentes et extrêmes.

Le quartier Pudong, à Shanghai

DES VILLES VULNÉRABLES

À mesure que l'eau de fonte se déversera dans les océans, le niveau de la mer va s'élever. Vers 2100, il aura monté de 20 à 60 cm, sous réserve que les calottes glaciaires du Groenland et de l'Antarctique n'aient pas été touchées d'ici là. Cela semble anodin à première vue, mais les nombreuses villes construites sur des côtes basses seraient alors inondées. L'une des plus vulnérables est Shanghai, en Chine, une ville de 18 millions d'habitants située entre 3 et 5 m au-dessus du niveau de la mer. Ses 300 km de digues peinent à la protéger contre les inondations dues aux fortes marées et aux tempêtes de la mer de Chine orientale : sauront-ils résister à une hausse du niveau de la mer ?

CYCLONES ET TEMPÊTES

À mesure que les températures de surface des océans vont augmenter, les cyclones seront plus puissants et toucheront de plus vastes portions de régions tropicales. Ailleurs, les eaux océaniques plus chaudes s'évaporeront davantage et provoqueront des tempêtes, plus intenses sur la terre proche. Les crues éclairs comme celle de 1988 à Nîmes ou celle de 2004 à Boscastle, en Angleterre (ci-contre), seront plus fréquentes. Ces voitures ont été emportées par un violent torrent de boue et de débris après un orage d'été particulièrement violent.

UNE EXTINCTION MASSIVE

Avec la hausse des températures, 15 à 37 % de la faune et de la flore mondiales pourraient disparaître d'ici 2050, notamment les espèces liées à un écosystème spécifique comme cette orchidée coquillage des Everglades de Floride, aux États-Unis. À l'inverse, les espèces s'adaptant facilement, comme les rats et les cafards, pourraient proliférer. L'extinction est souvent affaire de migration empêchée : si une espèce peut migrer, elle trouve son écosystème.

LA MIGRATION DES ZONES DE VÉGÉTATION

À mesure que les régions polaires se réchauffent et que les zones subtropicales se transforment en déserts, la flore va migrer vers les pôles. Les arbres persistants comme ces pins monteront vers la toundra arctique et, dans les zones plus chaudes et sèches, l'herbe remplacera les forêts. Mais si les surfaces cultivées empêchent cette migration naturelle, de nombreuses espèces végétales s'éteindront.

LES CRAINTES DES SCIENTIFIQUES

Si nous ne faisons pas d'efforts pour lutter contre le changement climatique, la hausse des températures déclenchera des phénomènes comme la fonte du pergélisol arctique ou d'énormes incendies de forêt en Amazonie. Les gaz à effet de serre rejetés accéléreront le réchauffement climatique. Des événements semblables se sont déjà produits par le passé : nous devons agir dès maintenant pour éviter qu'ils ne se reproduisent.

LA FONTE DE LA TOUNDRA
Le sous-sol de nombreuses zones boréales est gelé. En été, le pergélisol fond partiellement en formant de vastes marécages de végétation en décomposition, comme ici dans l'ouest de la Sibérie. Le processus de décomposition libère du méthane, un gaz à effet de serre 25 fois plus puissant que le CO_2, dont une bonne partie, toutefois, gèle dans le pergélisol. La hausse des températures fait fondre davantage de pergélisol chaque été, libère plus de méthane et ajoute donc à l'effet de serre.

LES FORÊTS PLUVIALES EN FEU
Les incendies sont rares dans les forêts pluviales tropicales, mais la hausse des températures dessèche les arbres qui, même s'ils ne brûlent pas, meurent. Or, les arbres rejetant de l'eau dans l'air par leurs feuilles, une diminution de leur nombre induirait moins de pluie. Ce processus risque de détruire l'écosystème le plus riche de la Terre et, à mesure que les arbres brûleront ou se décomposeront, tout le carbone qu'ils ont stocké se transformera en CO_2, ce qui élèvera encore les températures.

L'ACIDIFICATION DES OCÉANS
À mesure que les océans vont se réchauffer et devenir moins alcalins (voir p. 34) par absorption du CO_2, de nombreux organismes marins vont succomber. Si les températures dépassent de 2 °C les niveaux préindustriels, 97 % des récifs coralliens souffriront de « blanchiment » et mourront. Une eau « acide » peut empêcher des organismes à carapace comme les crabes, les coquillages et le plancton de se former, ce qui privera leurs prédateurs naturels de nourriture. À terme, cela signifierait l'extinction de nombreuses espèces marines.

Échantillon de boue des fonds marins contenant de l'hydrate de méthane

LE MÉTHANE DE L'OCÉAN

En se liant avec de l'eau très froide, le méthane libéré par la décomposition du plancton, au fond de l'océan, peut former un type de glace appelé « hydrate de méthane ». Celui-ci reste généralement à l'état glacé, mais si la température de l'eau augmente, il fond et libère du méthane, dont les bulles remontent jusqu'à l'air libre et contribuent à l'effet de serre. Il faudrait des siècles pour que les eaux océaniques profondes se réchauffent assez pour provoquer ce phénomène mais, selon certains scientifiques, certains réchauffements climatiques extrêmes du passé lui sont imputables.

UNE FORTE ÉLÉVATION DU NIVEAU DE L'OCÉAN

La plupart des scientifiques pensent que le niveau de la mer va s'élever de moins de 1 m d'ici 2100. Mais si les épaisses calottes de l'Antarctique et du Groenland venaient à s'effondrer massivement, cette élévation pourrait atteindre 25 m. Même une hausse de 7 m – si la calotte du Groenland s'effondrait, par exemple – inonderait des villes comme Londres, New York, Tokyo, Shanghai et Calcutta.

L'EFFONDREMENT DES CALOTTES

Le front des calottes du Groenland et de l'Antarctique occidental connaît déjà une fonte sans précédent : d'énormes pans de glace se détachent et partent à la dérive sous forme d'icebergs. Cette perte de glace facilite le glissement de blocs entiers de glace continentale vers la mer, lubrifiés par l'eau de fonte ruisselant dans leurs fissures. À terme, ce phénomène pourrait conduire à l'effondrement des calottes et, par conséquent, à une hausse considérable du niveau de la mer.

VERS LA FIN DU MONDE

Si nous ne parvenons pas à enrayer le réchauffement climatique, la vie sera pratiquement éradiquée de la Terre : c'est ainsi qu'il y a 250 millions d'années quelque 96 % de toutes les espèces ont disparu. Selon les scientifiques, une activité volcanique massive a provoqué le rejet d'énormes quantités de CO_2 et un réchauffement de la planète renforcé par le méthane dégagé par les océans. Cet événement a entraîné une hausse de 6 à 8 °C des températures moyennes. D'ici 2100, elle pourrait atteindre 4 °C, voire davantage.

SUR LE FIL DU RASOIR
Sur cette lithographie du xixᵉ siècle, un chasseur inuit attend qu'un phoque remonte respirer. Certains Inuits pratiquent toujours cette méthode de chasse. Comme eux, les personnes vivant dans des climats extrêmes ont développé un mode de vie adapté à leur environnement. Les changements climatiques pourraient rendre ces savoir-faire ancestraux inutiles et anéantir de nombreuses civilisations.

L'IMPACT SUR LA SOCIÉTÉ

Même si nous le ralentissons, le réchauffement climatique aura un impact considérable sur la société. Les habitants des pays en voie de développement en souffriront le plus, alors qu'ils y ont le moins contribué. Beaucoup sont déjà confrontés à des climats extrêmes entravant l'agriculture et l'accès à l'eau potable. Le changement climatique leur rendra la vie encore plus difficile et provoquera famines, migrations et conflits pour la terre et les ressources. Les pays de basse altitude seront inondés et les populations devront fuir. Les pays industrialisés souffriront eux aussi, à la fois directement et par les graves problèmes causés ailleurs dans le monde.

Abri de fortune sur un toit

UN EXODE MASSIF
Les terres, devenues inhabitables par suite d'inondations ou de désertification, devront être abandonnées par leurs habitants. Cela pourrait donner lieu au plus grand exode de masse de l'histoire. Il est peu probable que les pays voisins laisseront des milliers de gens s'installer sur leurs terres pour y vivre. Les réfugiés habiteront alors dans des camps comme celui-ci, en Éthiopie. Ils dépendront de l'aide humanitaire et vivront dans des conditions misérables : mauvaise hygiène, maigre nourriture, inactivité. Des sociétés entières pourraient être anéanties, et la lutte pour les terres pourrait conduire à la guerre et à la famine.

LES MALADIES
Le monde se réchauffant, les maladies tropicales se répandent. Le paludisme, transmis par des moustiques, touche aujourd'hui près de 500 millions de personnes par an, soit quatre fois plus qu'en 1990. Des tests sanguins révéleront si ces enfants en sont atteints.

Inondation

LA MONTÉE DES EAUX
Plusieurs régions fortement peuplées sont proches du niveau de la mer. C'est le cas du delta du Gange, en Inde et au Bangladesh. Si le niveau de la mer montait de 1 m, cela inonderait 17 % du Bangladesh et des millions de personnes devront migrer. Et si, en plus, un cyclone provoquait des inondations catastrophiques, comme en 1970, il y aurait des millions de victimes. Ci-contre, des rescapés de l'inondation de 2004 attendent les secours à Dhaka, capitale du Bangladesh.

LES RESSOURCES EN EAU

L'eau propre et l'eau potable sont vitales, mais la sécheresse en ferait des denrées rares dans les régions déjà semi-désertiques. Les inondations dues à la hausse du niveau des mers contamineraient les sources d'eau de certaines des plus grandes villes du monde, situées à basse altitude. Enfin, le recul des glaciers pourrait pénaliser certaines régions. De vastes zones d'Asie centrale et de Chine sont traversées par des cours d'eau issus des glaciers de montagne de l'Himalaya. De la même façon, de nombreuses villes sud-américaines comme Lima, au Pérou, tirent parti des glaciers des Andes. Si les glaciers fondent et si les précipitations ne sont pas suffisantes, il peut y avoir pénurie d'eau.

Un climat plus chaud pourrait profiter au blé.

LES CULTURES

Le réchauffement de la planète rendrait l'agriculture difficile dans les régions où les plantations sont déjà à la limite de la chaleur supportable. Dans les régions tempérées, les céréales comme le blé pourraient profiter des étés plus longs et des niveaux plus élevés de CO_2, mais l'augmentation de l'ozone de basse altitude pourrait par ailleurs réduire la croissance végétale.

LES RESSOURCES ALIMENTAIRES

Dans les tropiques, si l'agriculture était sévèrement touchée par le réchauffement climatique, les sources de nourriture s'épuiseraient. Ce serait une catastrophe pour les pays en voie de développement, qui luttent déjà pour se nourrir. Mais cela affecterait le monde entier, même les pays industrialisés, dont une partie de l'alimentation provient des tropiques. Si les agriculteurs locaux ne parvenaient pas à compenser cette diminution des ressources alimentaires, il y aurait pénurie dans nos supermarchés.

PANNE GÉNÉRALE

Les pays développés sont tributaires de tout un réseau de services – électricité, communications et transports, notamment – pour se procurer les produits de première nécessité comme la nourriture, l'eau et le chauffage. Ils sont donc tout aussi vulnérables aux grandes catastrophes que les sociétés moins complexes. C'est ce qu'a démontré le chaos provoqué par le cyclone Katrina, à La Nouvelle-Orléans, en 2005 (ci-dessus). Tous les réseaux de services sont tombés en panne, beaucoup de gens ont perdu la vie et la ville a sombré dans l'anarchie, les pilleurs se servant dans les bâtiments endommagés et des gangs écumant les rues.

S'ADAPTER AUX CHANGEMENTS DE CLIMAT

Nous devons lutter contre le changement climatique pour réduire les risques d'événements catastrophiques. Cependant, même si nous cessions tout rejet de gaz à effet de serre dès demain, la hausse des températures se poursuivrait pendant 30 ans car les océans continueraient de libérer la chaleur qu'ils ont stockée. Les conséquences du réchauffement planétaire seraient l'élévation du niveau de la mer, davantage de sécheresses et d'inondations, ainsi qu'une agriculture et une vie sauvage menacées. Nous devons nous préparer à ces changements, mais faire aussi en sorte que le problème ne s'aggrave pas.

LES DÉFENSES CÔTIÈRES
Les métropoles construites en zone côtière basse sont vulnérables à la hausse du niveau des océans. La plupart disposent déjà de défenses maritimes, mais cela ne suffira pas contre les grandes marées et les marées de tempête. Certaines possèdent déjà un barrage. L'un des plus grands, celui de la Tamise, a été construit de 1974 à 1982 pour protéger Londres, en Angleterre, contre les marées de tempête. Ce barrage mobile composé de dix gigantesques portes d'acier a été rarement utilisé avant 1990 mais, le niveau de la mer ayant monté, ses portes se sont plus souvent fermées depuis.

LES BARRIÈRES NATURELLES
Les pays pauvres n'ont pas les moyens d'édifier des défenses côtières. Mais la mer crée des barrières naturelles telles que des bancs de galets, des marais salants ou, dans les régions plus chaudes comme la Floride, aux États-Unis, des mangroves (ci-contre). Les programmes de développement du littoral détruisent souvent ces barrières naturelles : une meilleure gestion permettrait aux pays pauvres de se protéger contre les inondations.

LES RÉSERVES NATURELLES
La faune et la flore souffrent déjà de la destruction d'écosystèmes dans le monde entier, et le stress supplémentaire causé par les changements climatiques mènera à l'extinction de nombreuses espèces. En créant des réserves naturelles, nous pouvons aider les plantes et les animaux, et préserver les écosystèmes qui limitent les changements climatiques. Grâce à la technologie informatique, ce scientifique étudie la croissance de la végétation dans une réserve forestière du Costa Rica.

DE NOUVELLES CULTURES

L'Institut international philippin de recherches sur le riz développe de nouveaux plants capables de s'adapter aux climats plus secs et chauds. Cela permettrait d'empêcher la baisse des rendements lorsque les températures montent. Plus loin des tropiques, les agriculteurs devront privilégier les cultures vivrières comme le blé, plus adapté aux étés chauds et secs. Cela dit, le climat variant en permanence, il n'est pas facile de déterminer quelles espèces seront les plus appropriées.

LUTTER CONTRE LA DÉSERTIFICATION

Les personnes habitant en marge des déserts peuvent arrêter la progression du sable en stabilisant les dunes avec des feuilles de palmier, comme ici au Maroc, ou des plantes et buissons résistant à la sécheresse. Par ailleurs, en évitant le surpâturage, on peut empêcher que les champs ne se transforment en désert.

Pilotis anti-dérive

DES MAISONS « AMPHIBIES »

Après de lourdes pluies, les cours d'eau gonflent et peuvent déborder, créant parfois de vastes plaines d'inondation. Dans de nombreux pays, on a rehaussé les rives pour se protéger contre les crues et construit dans ces plaines d'inondation, où les maisons demeurent vulnérables aux fortes crues. Aux Pays-Bas, on remédie au problème en bâtissant des maisons flottantes. Ici, sur la Meuse, ces maisons ont une cave étanche qui agit comme un radeau et sont construites sur des piliers sur lesquels elles coulissent avec la montée des eaux. Elles peuvent s'élever de 5,5 m.

DES REFUGES SÛRS

Le Bangladesh, pays très plat et bas, subit des inondations dès que les fortes pluies de mousson font déborder le Gange. La population locale s'est adaptée en édifiant des talus sur lesquels les habitants se réfugient avec leur bétail quand les eaux montent. Dès qu'elles se retirent, ils peuvent retourner sur la terre sèche avec leurs animaux.

Des abris métalliques assurent un refuge provisoire.

ABSORBER LES ORAGES

Dans les villes, le sol est généralement recouvert de béton, qui ne peut absorber les eaux de pluie. L'eau coule dans les rues et fait déborder les systèmes de drainage, qui rejettent en même temps leurs eaux usées. Les espaces verts, en revanche, comme Central Park à New York (ci-dessus) absorbent les eaux de pluie.

LES CAMPAGNES CLIMATIQUES

Depuis que l'on connaît les dangers liés au changement climatique, des citoyens ordinaires se mobilisent dans le monde entier pour que les gouvernements prennent des mesures. Ils écrivent aux personnalités politiques, signent des pétitions, soutiennent financièrement des groupes de pression et organisent des manifestations comme celle-ci, à Londres, en 2006.

UN DÉFI PLANÉTAIRE

Nous devons contenir la hausse des températures avant qu'il ne soit trop tard. Problème global, le réchauffement climatique requiert une action globale, mais il est très difficile de mettre toutes les nations d'accord sur des solutions communes : les pays développés ont besoin des technologies à l'origine du problème. Ils ont beaucoup à perdre en les remplaçant, mais encore plus s'ils ne prennent aucune mesure. Les nouvelles technologies moins nocives ouvrent pourtant la voie aux innovations scientifiques. Pas à pas, les pays du monde parviennent à des accords pour lutter contre le réchauffement climatique.

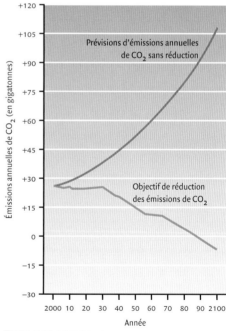

DANS LES MÉDIAS

De nombreuses personnalités médiatiques s'engagent dans des campagnes de sensibilisation. C'est ainsi qu'Al Gore, ancien vice-président des États-Unis, a remporté avec le GIEC (Groupe intergouvernemental d'experts sur l'évolution du climat) le prix Nobel de la paix en 2007. On le voit ici lors de la première de son film sur le réchauffement climatique, *Une vérité qui dérange*.

UN MOUVEMENT DE RÉSISTANCE

Les personnes qui ont le plus à perdre de l'abandon des combustibles fossiles sont celles qui en vivent. En 1989, plusieurs compagnies pétrolières ont ainsi fondé la Global Climate Coalition pour faire obstruction à toute action contre le changement climatique. Mais les preuves sont aujourd'hui si flagrantes que certaines de ces compagnies financent désormais des recherches sur les énergies alternatives : c'est le cas de BP dont le logo, symboliquement, est une fleur.

En 2000, BP a remplacé son ancien logo par une fleur.

LE GIEC

En 1988, les Nations unies ont demandé la rédaction d'un rapport scientifique complet sur le changement climatique, qui a donné naissance au Groupe intergouvernemental d'experts sur l'évolution du climat (GIEC). Son rôle est d'analyser toutes les recherches climatiques menées dans le monde et de produire des rapports réguliers et détaillés sur les conclusions des scientifiques. Le premier de ces rapports d'évaluation, publié en 1990, a été suivi de mises à jour en 1995, 2001 et 2007. Ci-contre, au cours d'une conférence de presse en 2007, le coprésident de l'un des groupes de travail du GIEC, Bert Metz, présente le dernier rapport.

Bert METZ
Co-chair IPCC Working Group III

FIXER DES OBJECTIFS

En 2005, lors d'une conférence au Royaume-Uni intitulée «Combattre le changement climatique et ses dangers», des experts ont établi qu'une hausse de plus de 2 °C des températures moyennes par rapport au niveau préindustriel déclencherait un changement climatique catastrophique. Si rien n'est fait, cette hausse sera atteinte d'ici 2050, ce qui implique de réduire les émissions de gaz à effet de serre de 60 % d'ici là. Ce graphique montre la progression des rejets de CO_2 si rien n'était fait pour les enrayer et l'objectif de réduction nécessaire.

Émissions annuelles de CO_2 (en gigatonnes)

Prévisions d'émissions annuelles de CO_2 sans réduction

Objectif de réduction des émissions de CO_2

Année

LE CRÉDIT CARBONE

Selon les termes du Protocole de Kyoto et d'autres traités internationaux sur la réduction des gaz à effet de serre, les pays incapables d'atteindre leurs objectifs de réduction doivent acheter des « crédits carbone » à ceux qui n'ont pas atteint leur quota. Cela revient à acheter un « permis de polluer », mais le total des émissions de chaque pays ne peut dépasser leurs quotas cumulés. Les pays très polluants peuvent par ailleurs financer des projets dans les pays peu polluants, comme reconstituer les forêts avec des arbres indigènes : ci-contre, un plant de teck.

LE PROTOCOLE DE KYOTO

Une étape importante a été franchie en matière de réduction des gaz à effet de serre en 1997, lors de la grande conférence de Kyoto, au Japon. Des représentants d'un grand nombre de pays (ci-dessus) se sont mis d'accord sur une réduction moyenne globale de 5 % d'ici 2012. Cette action a permis d'attirer l'attention sur le problème, mais une réduction bien plus importante sera nécessaire.

UN PARTAGE ÉQUITABLE

Ce bidonville de Lima, au Pérou, illustre la forte densité de population citadine dans les pays en voie de développement. Ces personnes ont certes droit à un meilleur niveau de vie, mais l'amélioration de leurs conditions de vie générerait un surcroît de gaz à effet de serre. En compensation, les nations riches devraient réduire leurs émissions au-delà de l'objectif de 60 % à l'horizon 2050. Pour un pays comme la France, cela représente une division par quatre de ses émissions, ce qui n'empêcherait pas chaque citoyen français de produire plus de CO_2 que chaque Péruvien. Il est à espérer que, un jour, chaque habitant de la planète ait une « empreinte carbone » faible mais équitable.

@ ▶▶
Climat :
politique

RÉDUIRE LES ÉMISSIONS

L'objectif de réduire de 60 à 80 % les gaz à effet de serre paraît impossible à atteindre, à moins de renoncer complètement à notre mode de vie actuel. Mais en changeant nos modes de production et de consommation d'énergie, ainsi que notre façon de voyager, nous pouvons y contribuer grandement. Les dispositifs de surveillance de la qualité de l'air, comme ce capteur fixe en bordure de route, permettent de contrôler les niveaux d'émission de la circulation automobile.

RÉDUIRE LES ÉMISSIONS DE CO$_2$

Le monde a besoin d'électricité, qui, pour l'essentiel, est issue d'autres formes d'énergie tels que les combustibles fossiles qui, en brûlant, libèrent des gaz à effet de serre. Heureusement, on peut réduire ces émissions. Par exemple, le gaz naturel est plus propre que le charbon, et la transformation du charbon en gaz donne un combustible plus efficace. On peut également éliminer le dioxyde de carbone des combustibles avant ou après les avoir brûlés, et l'enfouir dans le sol.

LE PRIX DU CHARBON

Même si l'on pouvait brûler le charbon proprement, son extraction est dangereuse et souvent destructrice. Dans les mines souterraines, les effondrements de galerie et les explosions sont fréquents. En 2006, lorsque cette photo a été prise dans le Sichuan, en Chine, 5 986 mineurs ont trouvé la mort. Les gisements à ciel ouvert sont moins dangereux, mais défigurent le paysage.

LE PROBLÈME DU CHARBON

Le charbon fournit environ deux tiers de l'électricité mondiale. Cela est dû en partie à l'abondance de cette ressource, surtout en Amérique et en Chine. Mais la combustion du charbon produit bien plus de CO$_2$ que celle du gaz naturel. De plus, les centrales électriques au charbon sont relativement peu efficaces puisqu'elles transforment moins de 40 % de leur énergie combustible en électricité. Alors que le charbon est responsable de plus d'un quart des émissions mondiales de CO$_2$, les États-Unis vont en brûler 40 % de plus d'ici 2025, et la Chine prévoit de tripler d'ici 2020 sa production énergétique à partir de charbon.

LA CAPTURE ET LE STOCKAGE DU CARBONE

L'une des méthodes possibles pour assainir les centrales thermiques au charbon consiste à capter le CO_2 à la source, dans les fumées rejetées, au moyen de solvants, les éthanolamines. Capables d'absorber entre 82 et 99 % du CO_2, ces solvants sont ensuite chauffés et séparés du gaz, lequel est alors acheminé vers des sites de stockage souterrains comme d'anciens puits de pétrole, des mines de charbon ou des réserves d'eau salée, les aquifères salins. Le CO_2 peut aussi servir à extraire le pétrole des gisements et à prélever le méthane de mines de charbon épuisées pour l'utiliser comme combustible. En théorie, cette technologie déjà employée dans de nombreux pays pourrait éliminer la quasi-totalité des émissions de carbone des centrales au charbon.

Centrale électrique

Plate-forme pétrolière

Méthane

CO_2

CO_2

CO_2

Charbon

Aquifère salin

Pétrole

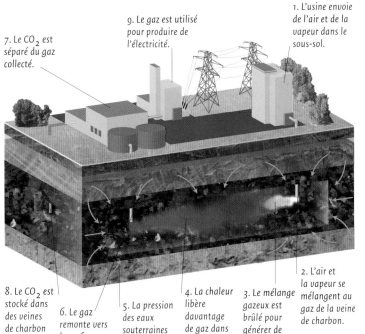

7. Le CO_2 est séparé du gaz collecté.

9. Le gaz est utilisé pour produire de l'électricité.

1. L'usine envoie de l'air et de la vapeur dans le sous-sol.

8. Le CO_2 est stocké dans des veines de charbon épuisées.

6. Le gaz remonte vers la surface par le puits de production.

5. La pression des eaux souterraines retient le gaz.

4. La chaleur libère davantage de gaz dans la veine.

3. Le mélange gazeux est brûlé pour générer de la chaleur.

2. L'air et la vapeur se mélangent au gaz de la veine de charbon.

LA GAZÉIFICATION SOUTERRAINE DU CHARBON

Au lieu d'extraire le charbon, on peut le transformer en gaz dans le sous-sol et obtenir un combustible bien plus efficace. On injecte de l'air et de la vapeur dans une veine de charbon, ce qui dégage de l'hydrogène, du méthane et du CO_2. On fait ensuite brûler ce mélange gazeux, et la chaleur générée convertit encore plus de charbon en gaz. Retenu par la pression des eaux souterraines, le gaz remonte à la surface par une canalisation. On peut alors séparer le CO_2 du mélange et le renvoyer sous terre, tandis qu'on utilise le gaz pour produire de l'électricité.

LE GAZ NATUREL

Remplacer le charbon par du gaz naturel pour produire de l'électricité libère 40 % moins de CO_2 par watt d'électricité. C'est par ailleurs un processus plus propre car il ne génère ni suies ni composés soufrés. Ainsi, bien que le gaz soit aussi un combustible fossile, l'utiliser à la place du charbon réduirait nettement les émissions de CO_2. Cela dit, le gaz naturel est essentiellement composé de méthane, un gaz à effet de serre bien plus puissant que lui : la moindre fuite, dans un gazoduc comme celui-ci, par exemple, au Canada, peut annihiler tous les avantages du gaz par rapport au charbon.

Un méthanier

LE GAZ NATUREL LIQUIDE (GNL)

Sous forme liquide, le gaz naturel peut être transporté dans des navires spéciaux, les méthaniers. Le processus de liquéfaction consommant de l'énergie, l'efficacité énergétique du GNL est 30 % moindre que celle du gaz naturel normal, mais supérieure à celle du charbon. Par ailleurs, le GNL est hautement explosif, de sorte que les sites appropriés pour installer un terminal méthanier sont rares. La plupart des réserves mondiales de gaz étant presque épuisées, transporter le gaz partout dans le monde sous forme de GNL est une solution d'avenir pour éviter de recourir au charbon.

L'ÉNERGIE NUCLÉAIRE

Il existe une source d'énergie puissante et fiable qui n'émet aucun gaz à effet de serre. La fission nucléaire exploite la quantité considérable d'énergie libérée par l'uranium radioactif lorsque les noyaux de ses atomes se cassent en deux dans un réacteur nucléaire. Mais les radiations émises sont extrêmement dangereuses et l'énergie produite peut être utilisée pour fabriquer des armes nucléaires : le débat fait donc rage entre les partisans du nucléaire et ses opposants.

LA FISSION NUCLÉAIRE

Un atome d'uranium est extrêmement petit, mais il dégage une quantité d'énergie considérable lorsque son noyau se casse en deux : cette fission s'obtient en le bombardant avec une minuscule particule, un neutron. À mesure que chaque noyau d'atome se divise, il libère de l'énergie et encore plus de neutrons, qui scindent d'autres noyaux. Si cette réaction en chaîne n'est pas contrôlée, elle peut provoquer une explosion nucléaire, mais si elle se déroule dans un réacteur nucléaire étanche, elle produit simplement beaucoup de chaleur.

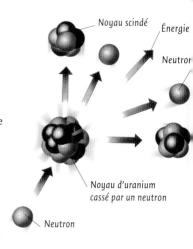

Noyau scindé
Énergie
Neutron
Noyau d'uranium cassé par un neutron
Neutron

LA CENTRALE NUCLÉAIRE

Chacun des deux réacteurs de cette centrale nucléaire britannique contient des barres d'uranium radioactif qui interagissent dans une réaction nucléaire en chaîne. Cette réaction est régulée au moyen de barres de contrôle que l'on descend entre les barres de combustible afin d'absorber les neutrons et d'interrompre l'interaction. La chaleur dégagée par la réaction chauffe un fluide, qui passe ensuite dans un générateur transformant l'eau en vapeur. La vapeur entraîne alors une turbine couplée à un générateur qui produit de l'électricité.

Le réacteur est enfermé dans une enceinte étanche en béton.

La chaleur sortant du réacteur passe dans un générateur qui transforme l'eau en vapeur.

Intérieur d'une centrale nucléaire

La vapeur actionne une turbine couplée à un générateur.

Le générateur produit de l'électricité.

L'électricité est acheminée par des lignes haute tension.

Les barres de contrôle régulent la vitesse de la réaction nucléaire.

Les barres de combustible nucléaire génèrent de la chaleur dans le réacteur.

Un fluide caloporteur évacue la chaleur du réacteur.

La vapeur refroidie se condense en eau et retourne dans le générateur.

Vapeur refroidie par l'eau froide

L'eau refroidie retourne dans le circuit.

L'eau chaude va dans la tour de refroidissement.

DE L'ÉLECTRICITÉ SANS CARBONE

Près de 80 % de l'électricité française provient de l'énergie nucléaire. Elle alimente, par exemple, le train à grande vitesse (TGV) qui, couvrant de longues distances à une vitesse pouvant atteindre 300 km/h, peut rivaliser avec les avions en termes de rapidité, mais sans rejeter de carbone. Cela donne à la France une empreinte carbone relativement faible par rapport à sa richesse et sa productivité industrielle. De nombreux pays aimeraient suivre son exemple, mais les centrales nucléaires coûtent très cher et sont longues à construire. Il faut un minimum de 10 ans pour établir un réseau complet.

LES DÉCHETS RADIOACTIFS

Une centrale nucléaire consomme une toute petite quantité de combustible qui, une fois utilisé, reste hautement radioactif pendant des milliers d'années. Extrêmement dangereux pour la santé, ces déchets radioactifs doivent ensuite être manipulés à distance et stockés dans des installations spécifiques : les spécialistes étudient les moyens de les entreposer en toute sécurité. Le combustible usé de cette centrale est conservé dans une piscine d'eau froide qui l'empêche d'irradier.

LES ARMES NUCLÉAIRES

Les réacteurs nucléaires produisent de l'électricité, mais peuvent aussi servir à fabriquer des bombes pouvant détruire des villes entières. Si le nucléaire « civil » était accessible à tous les pays, certains pourraient en faire un usage militaire et fabriquer des armes nucléaires. Par ailleurs, des terroristes pourraient voler des matières radioactives, les associer à des explosifs classiques et fabriquer des bombes qui disperseraient des poussières radioactives dangereuses.

Énergie nucléaire

Mine d'uranium australienne

L'EXTRACTION DE L'URANIUM

L'uranium, métal radioactif utilisé comme combustible nucléaire, est rare et pourrait s'épuiser d'ici quelques décennies. Son extraction consomme une grande quantité d'énergie qui, tout comme la construction d'une centrale nucléaire, génère des gaz à effet de serre : l'énergie nucléaire n'est donc pas totalement neutre en carbone. Par ailleurs, l'exploitation des gisements défigure l'environnement.

LA FUSION NUCLÉAIRE

Lorsque deux petits noyaux atomiques s'assemblent, ils peuvent fusionner et former un noyau plus gros. Processus opposé à celui de la fission, la fusion nucléaire produit également d'énormes quantités d'énergie : c'est par ce principe que se forme le rayonnement du Soleil. La fusion ne nécessite aucun combustible radioactif et ne produit aucun déchet radioactif, mais elle requiert un apport d'énergie colossal pour se déclencher, et est très difficile à contrôler. Dans le monde entier, plusieurs laboratoires, comme celui de Cadarache (Bouches-du-Rhône), testent actuellement des réacteurs à fusion expérimentaux, mais il faudra encore des décennies avant que l'on puisse produire de l'électricité par fusion nucléaire.

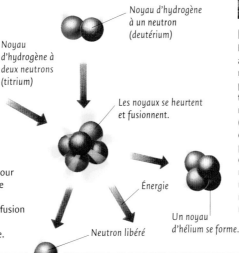

Noyau d'hydrogène à deux neutrons (titrium)

Noyau d'hydrogène à un neutron (deutérium)

Les noyaux se heurtent et fusionnent.

Énergie

Un noyau d'hélium se forme.

Neutron libéré

LES ACCIDENTS NUCLÉAIRES

En 1986, le réacteur de Tchernobyl, en Ukraine, a surchauffé puis explosé. Des nuages de poussières radioactives se sont dispersés au-dessus d'une grande partie de l'ex-URSS, et même dans le monde entier, transportés par le vent. Les radiations ont fait de nombreuses victimes, y compris parmi les pompiers (ci-dessus) qui ont tenté de décontaminer les lieux. Bien d'autres personnes souffriront probablement de cancers provoqués par les radiations. Le réacteur de la centrale de Tchernobyl était mal conçu et mal exploité. Les centrales modernes offrent, semble-t-il, un niveau de sécurité nettement supérieur. Cela dit, beaucoup de gens redoutent d'autres explosions ou que les centrales nucléaires soient prises pour cible par des terroristes.

LES ÉNERGIES RENOUVELABLES

Pendant des siècles, les hommes se sont évertués
à dompter l'énergie du vent et de l'eau pour faire tourner
des moulins. Aujourd'hui, l'énergie solaire et même
la chaleur volcanique peuvent être transformées
en électricité. Ces sources énergétiques sont qualifiées
de renouvelables car elles ne s'épuiseront jamais.
Elles ne couvriront peut-être jamais tous nos besoins,
mais la plupart ne libèrent pas de gaz à effet de serre
responsables du changement climatique.

L'ÉNERGIE HYDROÉLECTRIQUE

On peut utiliser les cours d'eau pour entraîner des turbines couplées
à des générateurs d'électricité. Pour que le débit soit constant, l'eau
est retenue dans des réservoirs créés par la construction de barrages
en travers des vallées fluviales. Cela induit que les centrales
hydroélectriques ne peuvent être bâties que sur un terrain spécifique.
Les barrages posent de sérieux problèmes à la faune et à la flore,
et il arrive souvent que les réservoirs s'envasent. Mais l'énergie
hydroélectrique est une technologie éprouvée et fiable, qui fournit
actuellement 15 % de l'électricité mondiale.

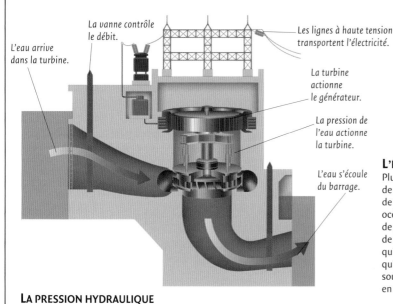

La vanne contrôle le débit.

Les lignes à haute tension transportent l'électricité.

L'eau arrive dans la turbine.

La turbine actionne le générateur.

La pression de l'eau actionne la turbine.

L'eau s'écoule du barrage.

LA PRESSION HYDRAULIQUE

Le principe de l'hydroélectricité repose sur l'énorme pression exercée
par l'eau retenue derrière un barrage. Cette pression fait tourner les pales
de gigantesques turbines installées dans des tunnels traversant
le barrage. À leur tour, les turbines actionnent des générateurs qui
produisent de l'électricité. Le débit de l'eau peut être contrôlé, voire
stoppé, grâce à des vannes situées dans les tunnels. Ainsi, on peut
ajuster la production de la centrale à la demande d'électricité et à l'eau
disponible. Par ailleurs, arrêter le flux d'eau permet d'effectuer
la maintenance des différents équipements de la centrale hydroélectrique.

L'ÉNERGIE DES VAGUES ET DES COURANTS MARINS

Plusieurs usines utilisent l'énergie des vagues pour produire
de l'électricité, mais leur fonctionnement nécessite la présence
de hautes vagues tout au long de l'année. L'exploitation des courants
océaniques est plus prometteuse. L'illustration ci-dessous montre
de gigantesques turbines sous-marines qui permettraient de produire
de l'électricité grâce au Gulf Stream, près des Bahamas. On estime
qu'une installation comme celle-ci pourrait fournir autant d'électricité
qu'une centrale nucléaire. En France, la première hydrolienne
sous-marine, *Saballa D03*, a été expérimentée pendant six mois
en 2008 dans l'estuaire de l'Odet à Bénodet, en Bretagne.

L'ÉNERGIE MARÉMOTRICE

On peut construire un barrage
hydroélectrique dans une passe
de marée, près d'un estuaire.
Lorsque la marée monte,
on ouvre les vannes pour laisser
l'eau entrer. À marée haute,
on les referme, puis, quand
la mer se retire, on les ouvre à
nouveau, et le passage de l'eau
retenue actionne des turbines
couplées à des générateurs.
En France, l'usine marémotrice
de la Rance (ci-contre) exploite
à la fois le flux et le reflux de
la mer. Ces barrages produisent
de l'électricité propre,
mais perturbent l'équilibre
écologique, car ils entravent
le mouvement naturel
des marées.

Énormes rotors actionnant
des générateurs électriques
étanches

L'ÉNERGIE ÉOLIENNE
On sait aujourd'hui utiliser la force motrice du vent pour produire de l'électricité grâce à des turbines de haute technologie regroupées en «fermes éoliennes». Beaucoup sont implantées à terre, souvent dans de jolies régions, au grand mécontentement des habitants. En mer, les fermes comme celle-ci, près de Copenhague au Danemark, bénéficient de vents plus puissants et réguliers, mais leurs pales sont dangereuses pour les oiseaux marins. Par ailleurs, cette technologie pose un autre problème pratique : ne fonctionnant que lorsque le vent souffle, il faut compléter la production d'électricité au moyen d'autres systèmes, qui consomment souvent des combustibles fossiles.

L'ÉNERGIE GÉOTHERMIQUE
Dans les régions volcaniques, on peut extraire la chaleur des roches et des eaux souterraines chaudes et l'utiliser pour chauffer l'eau et les maisons : en Islande, 90 % des bâtiments sont chauffés de cette façon. Cette chaleur sert aussi à entraîner les turbines de centrales géothermiques comme celle-ci, à Wairakei, en Nouvelle-Zélande. En Californie, au Mexique, en Indonésie, en Italie et en Islande, l'énergie géothermique produit autant d'électricité que dix grandes centrales électriques au charbon, une technologie qui pourrait être employée dans toutes les zones de volcanisme actif.

L'ÉNERGIE SOLAIRE THERMIQUE
Il existe quelques grosses centrales thermosolaires dans des régions très ensoleillées comme la Californie, l'Espagne mais aussi le sud de la France (four solaire d'Odeillo, Pyrénées-Orientales). Il s'agit de miroirs déviant les rayons du Soleil vers une tour qui collecte la chaleur, ce qui actionne une turbine couplée à un générateur. Des lignes à haute tension plus efficaces permettraient de distribuer cette électricité même dans les zones peu ensoleillées.

Énergie renouvelable

Morceau de canne à sucre

Champ de canne à sucre

BIOCOMBUSTIBLES ET BIOCARBURANTS
Tout végétal brûlé comme combustible libère du CO_2. Si l'on replante à mesure que l'on récolte, les nouvelles cultures absorbent le CO_2 rejeté. Certaines plantes peuvent être utilisées comme combustible dans leur état naturel mais d'autres, comme le panic raide et la canne à sucre, doivent être transformées en huile carburant et en éthanol. Cela dit, si l'on voulait cultiver suffisamment de ces plantes pour couvrir nos besoins en combustibles fossiles, nous n'aurions plus de terres pour les cultures vivrières et devrions déboiser massivement. Par ailleurs, l'utilisation d'engrais et de machines agricoles générerait aussi des gaz à effet de serre.

L'EAU CHAUDE SOLAIRE

L'énergie solaire est gratuite, abondante et non polluante. À petite échelle, elle est surtout efficace pour faire chauffer l'eau à usage domestique. De nombreux systèmes consistent à poser sur le toit des panneaux faits de tuyaux de cuivre insérés dans des tubes de verre. En traversant le verre, les rayons du Soleil réchauffent un fluide circulant dans les tuyaux lequel, à son tour, chauffe l'eau. L'hiver, on peut compléter la production d'eau chaude au moyen d'une chaudière conventionnelle, mais, l'été, les rayons du Soleil fournissent suffisamment d'énergie pour chauffer l'eau à plus de 60 °C.

DE L'ÉNERGIE POUR TOUS

Les énormes centrales électriques sont essentielles pour faire fonctionner les grandes infrastructures mais, au niveau local, on peut produire sa propre énergie sans combustibles fossiles. Ce peut être sous la forme d'électricité ou d'énergie thermique. La technologie existante a encore des progrès à faire pour être plus efficace et coûter moins cher. Mais elle s'améliore, et plus nous serons nombreux à utiliser des dispositifs comme les panneaux solaires ou les pompes à chaleur, moins elle sera onéreuse. Bientôt, ils seront aussi répandus que les antennes paraboliques.

L'ÉLECTRICITÉ SOLAIRE

Certains panneaux solaires génèrent de l'électricité. Ils sont constitués de nombreux modules solaires photovoltaïques qui convertissent la lumière en énergie électrique. Ce système fonctionne mieux dans les régions très ensoleillées comme le sud des États-Unis, où il sert à alimenter les appareils de climatisation, très gourmands en énergie lorsqu'il fait très chaud. Dans les pays en voie de développement, les panneaux solaires couplés à des batteries fournissent de l'éclairage aux habitats qui, sinon, ne disposent que de lampes à huile. Ici, le ciel dégagé de l'Asie centrale permet à un petit panneau solaire d'alimenter la télévision d'une famille mongole, qui reçoit les émissions par le biais d'une énorme antenne satellite.

LES POÊLES À BOIS

Brûler du bois ou un végétal similaire dans un poêle pour se chauffer peut être neutre en carbone si le CO_2 libéré est absorbé par la croissance de nouveaux végétaux combustibles. On peut également alimenter le poêle avec des sous-produits du bois ou d'autres déchets comme le carton et le papier qui, sinon, seraient enfouis dans des décharges. Mais ces biocombustibles ne conviennent qu'à petite échelle car faire pousser des arbres pour alimenter toute une ville, par exemple, prendrait trop d'espace.

LES ÉOLIENNES DOMESTIQUES

Pendant des décennies, les marins ont utilisé des générateurs à hélices pour recharger les batteries de leurs bateaux. Une technologie similaire peut fournir du courant électrique aux maisons, même si une petite turbine comme celle-ci ne peut produire tout le courant nécessaire à un foyer moyen. Les plus grandes turbines fournissent plus d'électricité, mais rares sont les habitations suffisamment solides pour les supporter. À terme, on trouvera sur le marché des petites éoliennes plus puissantes, et si l'on trouve des moyens pour consommer moins d'énergie, les petites turbines feront parfaitement l'affaire.

UNE TECHNOLOGIE SIMPLE

L'un des avantages des petits systèmes de production d'électricité est qu'ils sont faciles à installer et à entretenir. Les aéromoteurs (ci-dessus), sortes de girouettes, ont été utilisés pendant des siècles pour leur simplicité et leur fiabilité, et peuvent être réparés facilement sans matériels particuliers. Les petits générateurs sont plus complexes, mais la plupart peuvent être entretenus par leurs utilisateurs. Ils sont donc parfaits dans les pays en voie de développement ou les régions isolées, et permettent de vivre confortablement sans dépendre d'un réseau public de distribution dont le fonctionnement est généralement aléatoire.

L'HYDROÉLECTRICITÉ DOMESTIQUE

Les personnes ayant accès à un cours d'eau suffisamment rapide peuvent produire leur propre électricité, de façon gratuite et fiable, sans générer de gaz à effet de serre. Dans ces petits systèmes hydroélectriques, une petite turbine remplace généralement la grande roue des moulins à eau classiques. Mais ils doivent disposer d'un bon dénivelé pour que la pression hydraulique soit suffisante et que la turbine continue de fonctionner par temps sec. Pour cela, il faut généralement créer l'équivalent moderne d'un bassin de retenue, ce que très peu de gens peuvent se permettre, faute d'espace, même s'ils ont de l'eau.

Le toit isolé retient la chaleur.

Système de chauffage au sol

Pompe à chaleur

Le fluide circule dans des capteurs souterrains.

Le fluide chaud est renvoyé vers la maison.

Le fluide est chauffé par la chaleur du sol.

LA GÉOTHERMIE

En hiver, la température du sous-sol reste plus élevée que celle de l'air extérieur. On peut capter cette chaleur grâce à un système contenant un fluide additionné d'antigel, et enterré dans le jardin ou sous la maison. Le fluide chauffé passe ensuite dans un échangeur thermique relié à un système de chauffage au sol. Bien qu'elle nécessite une pompe électrique, cette technique génère jusqu'à trois fois plus d'énergie qu'elle n'en consomme. Parmi les énergies renouvelables, la géothermie occupe en France la quatrième place.

L'EFFICACITÉ ÉNERGÉTIQUE

Produire de l'électricité sans combustibles fossiles n'est pas facile. Les fermes éoliennes, par exemple, produisent beaucoup moins d'électricité que les centrales à combustible et le vent ne souffle pas en permanence. Mais si nous réduisions notre consommation, les technologies utilisant le vent et les rayons du Soleil pourraient couvrir davantage nos besoins. Nous pouvons tous y contribuer en améliorant l'efficacité énergétique ou en choisissant des appareils consommant moins : leurs concepteurs sont aussi concernés que leurs utilisateurs.

L'ÉTIQUETTE ÉNERGIE

Certains appareils électroménagers comme les réfrigérateurs fonctionnent jour et nuit, et d'autres, comme les lave-linge, peuvent fonctionner plusieurs heures par jour. S'ils manquent d'efficacité, ils gaspillent énormément d'énergie. Dans de nombreux pays, l'étiquette énergie est obligatoire, de sorte que l'acheteur peut comparer le rendement énergétique des différents modèles. Cette étiquette de lave-linge, en Nouvelle-Zélande, indique la consommation et l'efficacité énergétique de la machine, ainsi que l'économie d'eau réalisée.

DES APPAREILS MAL CONÇUS

Un grand nombre d'appareils électriques ont été conçus sans tenir compte de leur consommation d'énergie. Tous ceux qui sont directement branchés sur une prise, sans interrupteur, consomment de l'électricité en permanence, même quand on ne s'en sert pas. Certains sont conçus de telle façon qu'on ne les éteint jamais ; d'autres sont souvent par exemple dotés d'une horloge et d'un tuner intégrés : si on les débranche, il faut ensuite les reprogrammer, aussi les laisse-t-on toujours en veille. Les télévisions à écran plasma (ci-dessus) dépensent presque cinq fois plus d'énergie qu'un plus petit téléviseur traditionnel et 30 à 65 % fois plus qu'un modèle LCD de mêmes dimensions.

UN ÉCLAIRAGE EFFICACE

Inventées par Thomas Edison en 1879, les ampoules incandescentes normales que nous utilisons dans nos foyers sont hautement inefficaces. Seuls 5 % de l'électricité consommée par une ampoule de 100 watts sont convertis en lumière, le reste se dissipant sous forme de chaleur. Les ampoules fluorescentes compactes basse consommation, comme celle-ci, fournissent quatre fois plus de lumière par watt d'électricité consommé. Les modèles dotés de diodes électroluminescentes (LED) sont encore plus efficaces.

LA DÉPERDITION DE CHALEUR

L'hiver, de nombreuses maisons perdent de la chaleur par les murs, les fenêtres, le toit et même le sol, une déperdition compensée par le système de chauffage. Cette image infrarouge montre la déperdition de chaleur en blanc et rouge, les zones plus fraîches étant bleues. De meilleures normes de conception et de construction pourraient empêcher ce gaspillage. En Suède, par exemple, les maisons neuves respectant à la lettre les normes de construction dépensent environ quatre fois moins d'énergie que les autres.

BOUTIQUES ET BUREAUX

Les boutiques et les bureaux gaspillent énormément d'énergie. Dans les supermarchés, par exemple, les longues rangées de réfrigérateurs ouverts laissent échapper de l'air froid. Dans les bureaux, l'éclairage et les ordinateurs ne sont pas toujours éteints la nuit. À l'inverse, la Swiss Re Tower, à Londres, est très économe en énergie : sa forme minimise l'effet refroidissant du vent et optimise la lumière naturelle.

L'ÉCOHABITAT

Il existe des techniques pour construire des maisons ne consommant pratiquement aucune énergie pour le chauffage ou la climatisation. Ces habitats sont naturellement plus chauds l'hiver et plus frais l'été, grâce à une isolation très efficace des murs et du toit, et à des fenêtres à triple vitrage. Ce programme de construction européen (ci-dessus) est conçu pour n'utiliser que des énergies renouvelables, au moyen de panneaux solaires et d'une centrale locale à la fois thermique et électrique fonctionnant avec des déchets réutilisables.

LES ÉCOVILLES

Certains quartiers de villes ont été entièrement réhabilités ou conçus avec, pour priorité, les économies d'énergie. C'est le cas à Freiburg, en Allemagne, qui compte 6 500 logements de haute efficacité énergétique fondés sur le solaire. En Chine, la ville nouvelle de Dongtan, sur l'île Chongming au large de Shanghai, sera la première « écoville » du monde et produira son électricité renouvelable avec sa propre ferme éolienne. Cette vue d'artiste réalisée par Arup, le promoteur du projet, montre le futur Village Sud de la ville.

LES TRANSPORTS VERTS

Le transport des personnes et du fret représente 14 % des émissions globales de gaz à effet de serre. Ce chiffre est en hausse, surtout dans les pays émergents.
On pourrait y remédier en développant des véhicules plus efficaces, alimentés par des carburants moins polluants. Mais les projets les plus intéressants en sont encore au stade de la conception et certains ne verront peut-être jamais le jour. À court terme, la meilleure façon de diminuer les gaz à effet de serre est de voyager moins et différemment.

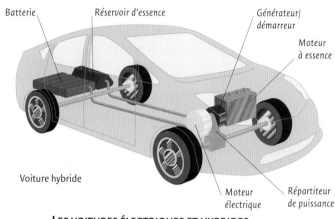

Batterie   Réservoir d'essence   Générateur/démarreur

Moteur à essence

Voiture hybride

Moteur électrique   Répartiteur de puissance

LES VOITURES ÉLECTRIQUES ET HYBRIDES

Les voitures électriques sont moins polluantes que les autres, mais leur autonomie est limitée, et elles sont longues à recharger. La voiture hybride, elle, possède un petit moteur couplé à un générateur qui charge une batterie. Celle-ci alimente un moteur électrique qui peut ajouter de la puissance au moteur grâce à un répartiteur. L'énergie électrique étant produite par la voiture, celle-ci produit moins de CO_2 qu'une voiture conventionnelle.

Châssis solide formant une armature de sécurité

Matières légères réduisant les émissions

LA CONCEPTION D'UNE VOITURE

Les moteurs de voiture sont plus efficaces qu'autrefois et produisent moins de gaz à effet de serre par rapport à leur puissance. Mais la plupart des voitures sont maintenant bien plus lourdes et rapides, de sorte qu'il leur faut des moteurs plus puissants, qui consomment davantage de carburant. De nombreux constructeurs tentent d'y remédier en fabriquant de petits véhicules légers comme la Smart (ci-dessus). Équipée d'un petit moteur, cette voiture produit beaucoup moins de gaz à effet de serre.

Réservoir contenant de l'huile de cuisson usagée des restaurants

LES CARBURANTS RECYCLÉS

Si la plupart des voitures fonctionnent avec des combustibles fossiles, elles peuvent aussi utiliser des carburants végétaux renouvelables. Les moteurs à essence peuvent fonctionner avec un petit pourcentage d'éthanol, un alcool à base de plantes, et les diesels avec du biodiesel issu, par exemple, de tournesol ou de soja. Cultiver des plantes pour faire du carburant peut faire plus de mal que de bien, mais on peut modifier les moteurs à diesel pour utiliser de l'huile de cuisson recyclée : cette miniraffinerie (ci-contre) permet de traiter l'huile usagée.

L'HYDROGÈNE

L'hydrogène pourrait constituer un carburant propre car, mélangé à de l'oxygène et brûlé, il ne produit que de l'énergie et de la vapeur d'eau qui, redevenue liquide après condensation, ne peut devenir un gaz à effet de serre. On peut également produire de l'hydrogène avec de l'eau, mais le processus consomme beaucoup d'énergie électrique. De plus, il ne peut être transporté dans une citerne normale, sauf si on le liquéfie en le refroidissant à − 253 °C. Malgré ces inconvénients, on teste actuellement des véhicules à hydrogène comme cet autobus : ses piles à combustible utilisent de l'hydrogène pour produire l'électricité alimentant son moteur électrique.

LES BIOCARBURANTS

Les biocarburants sont neutres en carbone, mais la culture des plantes (ci-dessus, des palmiers à huile) conduit d'une part à la destruction des forêts pluviales tropicales et rejette d'autre part dans l'atmosphère de l'oxyde d'azote, un gaz à effet de serre extrêmement puissant. Par conséquent, remplacer les combustibles fossiles par des biocarburants multiplie les émissions de gaz à effet de serre.

LES TRANSPORTS PUBLICS

Les habitants des grandes villes ont l'habitude d'emprunter l'autobus, le train ou le tramway comme ici à Amsterdam, aux Pays-Bas. Ces moyens de transport publics consomment l'énergie de façon bien plus efficace que les voitures car ils transportent un grand nombre de passagers et recourent souvent à une technologie plus efficace comme l'électricité. En dehors des centres urbains, les transports en commun sont moins fréquents, et la plupart des gens préfèrent prendre leur voiture. Cela dit, la hausse du prix des carburants et les embouteillages devraient inciter les populations à emprunter davantage les transports publics.

LA BICYCLETTE

Sur de courtes distances, le vélo est plus rapide que la voiture et ne rejette que le CO_2 de la respiration de celui qui pédale. La ville de Beijing (Pékin), en Chine (ci-contre, à l'heure de pointe du matin), est célèbre pour ses rues bondées de cyclistes. D'autres villes encouragent l'utilisation du vélo, comme Lyon et Paris, et certains centres-ville interdisent les voitures, pour un environnement bien plus propre et sûr.

L'AVION

Chaque vol d'avion rejette d'énormes quantités de gaz à effet de serre et autres émissions à haute altitude, la partie la plus vulnérable de l'atmosphère. Les avions à hélices sont moins polluants mais beaucoup plus lents. Des carburants de substitution sont à l'étude, mais les résultats sont douteux. En revanche, des avions plus gros et efficaces comme cet Airbus A380 permettraient aux compagnies aériennes de contrôler leurs émissions de gaz à effet de serre, sous réserve que le trafic aérien reste à son niveau actuel.

ÉTEINS
Laisser son matériel électronique allumé génère d'énormes quantités de gaz à effet de serre. De nombreux gadgets sont dotés d'un mode veille, de sorte qu'on a l'impression qu'ils sont éteints alors qu'ils continuent de consommer de l'énergie. Les chargeurs de batterie, eux aussi, consomment de l'électricité lorsqu'ils restent branchés dans la prise, même quand on ne s'en sert pas. Débranche toujours les appareils que tu n'utilises pas, sauf ceux que tu serais obligé de reprogrammer.

TON EMPREINTE CARBONE
Tu peux participer à la lutte contre le changement climatique en réduisant ton empreinte carbone, c'est-à-dire la quantité de gaz à effet de serre que tu libères dans tes activités. Même les petits gestes sont importants si nous les faisons tous. Beaucoup, comme éteindre la lumière en sortant d'une pièce, n'ont aucun effet sur notre vie, sauf économiser de l'argent. D'autres décisions sont plus difficiles à prendre, comme éviter l'avion ou préférer les transports en commun à la voiture. Un jour, nous risquons d'être rationnés en carbone, c'est-à-dire que chaque individu aura droit à un certain quota sur l'empreinte carbone totale de l'humanité, qu'il ne pourra dépasser. D'ici là, avoir des voisins gaspilleurs, par exemple, n'incite pas à faire des efforts. Ne te décourage pas : ta planète a besoin de toi.

BAISSE LE THERMOSTAT
Le chauffage central est régulé par un thermostat, qui coupe la chaudière quand la pièce est à la température voulue. Baisser le thermostat d'un seul degré réduit les émissions CO_2 de 235 kg par an. Discutes-en avec ta famille. Une température de 18 à 20 °C dans la maison est tout à fait suffisante. Et si tu as un peu froid, couvre-toi.

UTILISE TES JAMBES
Les voitures sont responsables d'une grande partie des émissions de gaz à effet de serre provoquant le changement climatique. Pour un court trajet, évite de demander qu'on t'accompagne en voiture car les trajets courts consomment beaucoup plus au kilomètre que les trajets longs. Va à pied ou prends ton vélo si les routes sont sûres, d'autant que faire du vélo est très agréable et maintient en forme. Pour les plus longues distances, prends le bus ou le train. De nombreuses entreprises de transport public offrent des réductions aux jeunes, ce qui revient moins cher qu'un trajet en voiture.

La pizza végétarienne est meilleure et plus saine pour toi et pour la planète.

RÉFLÉCHIS À CE QUE TU MANGES
Les régimes riches en viande contribuent aux émissions de gaz à effet de serre car l'élevage des animaux de boucherie rejette beaucoup de méthane dans l'atmosphère. Certaines viandes que nous achetons viennent de loin, ce qui induit la consommation de combustibles fossiles et des rejets de gaz pour leur transport. D'autres viennent d'endroits où la forêt a été coupée pour aménager des pâturages pour les animaux. On a calculé que chaque bouchée de bœuf que nous mangeons représente une émission de gaz à effet de serre 6 800 fois supérieure au poids de l'animal.

RÉUTILISE ET RECYCLE

Ce que nous jetons contribue au changement climatique : d'une part, les décharges libèrent du méthane et, d'autre part, nous rachetons un produit neuf, dont la fabrication a provoqué des émissions de gaz à effet de serre. Essaie d'utiliser ces produits aussi longtemps que tu peux et fais-les réparer si c'est possible. S'ils ne sont pas réparables, essaie de les faire recycler au lieu de les mettre à la poubelle. Cela s'applique aussi bien aux bouteilles et aux sacs de course qu'aux ordinateurs et aux téléviseurs cassés.

Les bacs de recyclage acceptent toutes sortes de déchets.

Écogeste

PRÉFÈRE LES PRODUITS LOCAUX

Explique à ta famille qu'il vaut mieux faire ses courses dans les magasins et les marchés locaux, et y aller à pied ou en bus plutôt qu'en voiture. Évite d'acheter des aliments qui ont fait la moitié du tour du globe s'il y a des produits équivalents plus près de chez toi. À part pour les produits exotiques, cela ne sert à rien d'acheter des fruits transportés par avion quand les producteurs locaux cultivent les mêmes. Regarde le pays d'origine sur l'étiquette et évite d'acheter ce qui est vendu avec beaucoup d'emballage.

PRENDS LE TRAIN

Évite les vols courts : un vol Paris-Londres rejette 244 kg de CO_2 par passager, contre 22 kg pour le même voyage en train. Sans compter que le trajet de centre-ville à centre-ville est plus rapide en train qu'en avion. Si tu dois absolument prendre l'avion, demande à tes parents de choisir une compagnie qui suit un programme de « compensation carbone », c'est-à-dire qui compense les émissions de ses avions en participant à un projet de réduction des gaz à effet de serre ailleurs dans le monde.

PLANTE UN ARBRE

Si tu en as la possibilité, plante un arbre, de préférence une essence indigène qui fournira un habitat à la faune locale. Encore mieux, veille sur sa croissance : choisis un endroit où il pourra s'épanouir et arrose-le au début. Cela prendra longtemps avant qu'il soit assez grand pour absorber beaucoup de CO_2 dans l'atmosphère, mais un seul arbre compense une bonne partie des rejets de gaz à effet de serre que tu feras au cours de ta vie. Si tu ne peux pas planter ton arbre, soutiens une association qui le fera en ton nom.

LES RESPONSABLES DES GAZ À EFFET DE SERRE

Le changement climatique est dû aux gaz à effet de serre émis par l'homme : en absorbant la chaleur irradiée par la Terre, ils l'empêchent de s'échapper dans l'espace. Certains pays en rejettent beaucoup plus que d'autres du fait de leur taille et de la richesse de leurs citoyens, dont l'empreinte carbone est plus élevée.

LES ÉMISSIONS MONDIALES PAR SECTEUR

La majorité des gaz à effet de serre proviennent de processus naturels comme la décomposition organique et la respiration des humains et des animaux. Le reste est issu des activités humaines, dont une bonne partie du brûlage de combustibles fossiles. Huit principaux secteurs sont responsables de ces émissions. Actuellement, le plus important est celui des centrales électriques fonctionnant aux combustibles fossiles, mais celui des transports ne cesse de gagner du terrain. La situation pourrait changer du tout au tout : en mal si la destruction des forêts tropicales se poursuit, et en bien si la consommation mondiale de combustibles fossiles diminuait considérablement.

Processus industriels
16,8 %

Carburants pour les transports 14 %

Extraction, traitement et distribution des combustibles fossiles
11,3 %

Habitats et commerces
10,3 %

Centrales électriques
21,7 %

Sous-produits agricoles
12,5 %

Élimination et traitement des déchets
3,4 %

Utilisation des sols et combustion de biomasse 10 %

Gaz synthétiques (CFC, HFC, PFC et SF6) 1 %

CO_2
72 %

Oxyde d'azote
(N_2O) 9 %

Méthane (CH_4) 18 %

RÉPARTITION DES ÉMISSIONS DE GAZ À EFFET DE SERRE

Un certain nombre de gaz libérés par l'activité humaine aggravent l'effet de serre. Cette illustration montre leur répartition en pourcentage, le plus important étant le CO_2. Les autres gaz à effet de serre sont émis en plus petites quantités mais, plus puissants que le CO_2, leur impact est tout aussi considérable.

Processus industriels
20,6 %

Centrales électriques 29,8 %

Carburants pour les transports
19,2 %

Habitats et commerces
12,9 %

Utilisation des sols et combustion de biomasse 9,1 %

Extraction, traitement et distribution des combustibles fossiles 8,4 %

LE DIOXYDE DE CARBONE PAR SECTEUR

De tous les gaz à effet de serre que nous émettons, le CO_2 est actuellement celui dont l'impact environnemental est le plus élevé. La majeure partie provient des centrales électriques au charbon ou au gaz naturel, mais l'industrie et le transport en rejettent beaucoup. Le secteur de l'utilisation des sols inclut l'abattage et le brûlage des forêts.

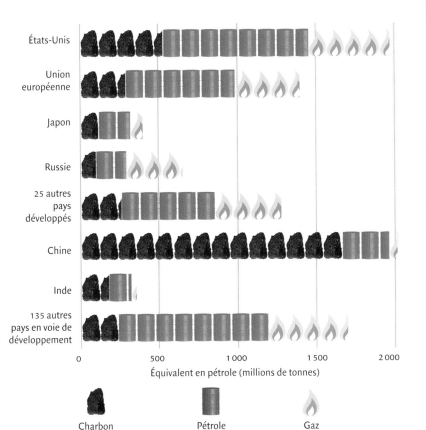

États-Unis				
Union européenne				
Japon				
Russie				
25 autres pays développés				
Chine				
Inde				
135 autres pays en voie de développement				

0   500   1 000   1 500   2 000

Équivalent en pétrole (millions de tonnes)

Charbon   Pétrole   Gaz

LA CONSOMMATION DE COMBUSTIBLES FOSSILES

La principale source de CO_2 non naturel dans l'atmosphère est la combustion des énergies fossiles. Cela inclut le charbon, le pétrole sous toutes ses formes et le gaz naturel, combustibles à forte teneur en carbone. Ce graphique montre que la consommation annuelle de combustibles fossiles est variable d'un pays à l'autre. Les plus gros consommateurs sont les États-Unis, la Chine et l'Union européenne. Le charbon produisant bien plus de CO_2 par unité énergétique que les autres combustibles, l'impact climatique des pays en brûlant beaucoup, comme la Chine, est nettement plus élevé que celui des pays brûlant plus de gaz.

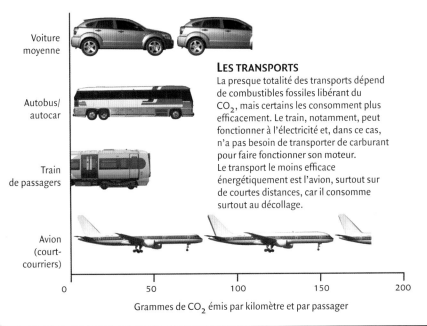

Voiture moyenne

Autobus/ autocar

Train de passagers

Avion (court-courriers)

0   50   100   150   200

Grammes de CO_2 émis par kilomètre et par passager

LES TRANSPORTS

La presque totalité des transports dépend de combustibles fossiles libérant du CO_2, mais certains les consomment plus efficacement. Le train, notamment, peut fonctionner à l'électricité et, dans ce cas, n'a pas besoin de transporter de carburant pour faire fonctionner son moteur. Le transport le moins efficace énergétiquement est l'avion, surtout sur de courtes distances, car il consomme surtout au décollage.

États-Unis
20,4 tonnes/an
301,1 millions d'habitants

Canada
20 tonnes/an
33,4 millions d'habitants

Australie
16,3 tonnes/an
20,4 millions d'habitants

Russie
10,5 tonnes/an
141,4 millions d'habitants

Japon
9,8 tonnes/an
127,4 millions d'habitants

Royaume-Uni
9,7 tonnes/an
60,8 millions d'habitants

France
6,2 tonnes/an
63,7 millions d'habitants

Chine
3,8 tonnes/an   1 321 millions d'habitants

Brésil
1,8 tonne/an   190 millions d'habitants

Inde
1,2 tonne/an   1 130 millions d'habitants

LE DIOXYDE DE CARBONE PAR PERSONNE

La taille des drapeaux indique la quantité annuelle moyenne de CO_2 rejeté par chaque citoyen de quelques pays sélectionnés. On observe que si la Chine brûle plus de combustibles fossiles que tout autre pays, l'empreinte carbone moyenne de chaque citoyen chinois est en revanche relativement faible.

CHRONOLOGIE CLIMATIQUE

On étudie les changements climatiques en analysant les formations rocheuses, les carottes de glace et la croissance végétale sur des millions d'années. Les premières mesures météorologiques datent du XVIIIe siècle et les méthodes de mesure des variations climatiques sont développées depuis 150 ans. Voici une chronologie des événements ayant eu un fort impact sur le climat et des techniques employées pour les étudier.

Tyrannosaurus rex, dinosaure éteint il y a 65 millions d'années.

– 250 millions d'années
La plus grande extinction de masse de l'histoire de la Terre détruit 96 % des espèces de l'époque. Elle serait due à de violentes éruptions volcaniques libérant d'énormes quantités de CO_2 augmentant l'effet de serre, réchauffant la planète et rendant la vie presque impossible.

– 250 – 65 millions d'années
Le globe connaît une période chaude, sans glace, qui engendre l'apparition des dinosaures. Elle se termine par une autre extinction de masse, probablement due à une importante activité volcanique et à l'impact d'une énorme météorite.

– 55 millions d'années
Début d'une longue période de refroidissement global, suivie de glaciations culminant il y a environ 20 000 ans. Nous vivons actuellement dans une phase relativement chaude de cette même ère.

– 15 000 ans
Fin de la dernière phase froide de la glaciation actuelle. La vaste couverture de glace qui recouvre une bonne partie de l'Amérique du Nord, de l'Europe et du nord de l'Asie commence à fondre.

– 13 000 ans
Un blocage des courants océaniques dû à l'entrée d'importantes quantités d'eau de fonte dans l'Atlantique Nord fait chuter les températures pendant au moins 1 300 ans. C'est la période dite du dryas récent.

– 8 000 ans
Les premiers agriculteurs déboisent et brûlent de vastes zones forestières pour en faire des terres cultivables : le niveau de CO_2 dans l'atmosphère augmente d'environ 8 %.

– 6 000 ans
La sécheresse met un terme à 8 000 ans de climat de mousson en Afrique du Nord. Les pâturages tropicaux deviennent un vaste désert, le Sahara actuel.

1 000 apr. J.-C.
La hausse des températures culmine à la « période chaude médiévale », où il fait aussi chaud qu'aujourd'hui. Au Mexique, une longue sécheresse oblige les Mayas à abandonner nombre de leurs cités.

1430
Début de la « petite ère glaciaire » en Europe. Le froid détruit les cultures, provoque la famine et fait geler les cours d'eau et les canaux chaque hiver. Cette période froide serait liée à un regain d'activité volcanique produisant des nuages de cendres qui réfléchissent une partie des rayons solaires.

L'utilisation industrielle du charbon débute en 1709.

1607
Première foire du gel à Londres, sur la Tamise gelée. Tentes, baraques foraines et échoppes sont installées sur la glace. La dernière de ces foires s'est tenue en 1813.

1703
Plus violente tempête de tous les temps en Angleterre : elle détruit des villes entières et fait 123 victimes à terre et 8 000 en mer.

1709
Le Britannique Abraham Darby découvre le moyen de produire de la fonte avec du fer et du charbon : c'est le début de l'utilisation intensive des combustibles fossiles comme source d'énergie industrielle. La révolution industrielle est marquée par une hausse des niveaux de CO_2 dans l'air.

1807
Le gaz de houille alimente le premier système d'éclairage public à Londres.

1815
Le volcan indonésien Tambora explose : c'est la plus violente éruption connue de l'histoire. Les nuages de cendres assombrissent la Terre et provoquent « l'année sans été » de 1816.

1827
Le mathématicien français Jean-Baptiste (Joseph) Fourier découvre l'effet de serre : les gaz de l'atmosphère empêchent la Terre de renvoyer dans l'espace toute la chaleur qu'elle reçoit du Soleil.

1840
Luis Agassiz, scientifique d'origine suisse, propose sa théorie des glaciations et comprend que le nord de l'Europe était autrefois recouvert de glace.

1847
Premier forage pétrolier à Bakou, en Russie (dans l'actuel Azerbaïdjan).

1856
Ouverture de la première raffinerie de pétrole brut à Ulaszowice, en Pologne.

1863
Le scientifique irlandais John Tyndall publie un article décrivant la façon dont la vapeur d'eau peut agir comme un gaz à effet de serre.

1882
L'Américain Thomas Edison fait construire la première centrale électrique commerciale fonctionnant au charbon, dans Pearl Street, à Manhattan, New York. Elle alimente les ampoules à incandescence qu'il a inventées en 1879.

1885
L'ingénieur allemand Karl Benz conçoit la première voiture à essence, un tricycle.

1895
Le chimiste suédois Svante Arrhenius suggère qu'ajouter du CO_2 dans l'atmosphère terrestre en brûlant du charbon aggraverait l'effet de serre et provoquerait un réchauffement climatique.

L'ampoule à incandescence d'Edison, inventée en 1879.

1908
Aux États-Unis, la Ford T est produite en masse et le nombre de propriétaires de voiture commence à augmenter rapidement.

1920
Le scientifique serbe Milutin Milankovitch découvre que les glaciations résulteraient des variations régulières de l'orbite de la Terre autour du Soleil, qui provoquent des cycles de température globale.

La production de masse de la Ford modèle T débute en 1908.

1931

Après trois années de sécheresse, des pluies torrentielles s'abattent sur la Chine pendant des mois, provoquant le débordement du fleuve Yangzi Jiang, dont le niveau monte de 29 m. Avec 3,7 millions de personnes noyées ou mortes de maladie ou de faim, c'est l'événement climatique le plus destructeur de l'histoire connue.

1932

Après des années de sécheresse, des tempêtes de sable commencent à emporter le sol désespérément sec du « Dust Bowl » (cuvette de poussière), dans le Middle West américain. Elles se poursuivront jusqu'en 1939.

1939

L'ingénieur britannique Guy Stewart Callendar déclare que le réchauffement climatique observé depuis le XIXe siècle pourrait s'expliquer par une hausse de 10 % du CO_2 de l'atmosphère. Il suggère qu'un doublement de ce niveau provoquerait une hausse moyenne globale des températures de 2 °C.

1945

Après une hausse régulière pendant un siècle, les températures redescendent lentement parce que la pollution atmosphérique par les suies et autres particules obscurcit partiellement le Soleil.

1957

Après avoir découvert que les océans ne peuvent absorber le surplus de CO_2 généré par le brûlage des combustibles fossiles, l'océanographe américain Roger Revelle lance un signal d'alarme : l'humanité se livre « à une expérience géophysique de grande échelle » en libérant des gaz à effet de serre dans l'atmosphère.

1958

Charles Keeling commence à relever les concentrations atmosphériques de CO_2, d'abord en Antarctique, puis à Hawaii. Les années suivantes, il note une hausse constante ponctuée de fluctuations annuelles dues aux hivers de l'hémisphère Nord. La courbe en dents de scie de son graphique sera baptisée « courbe de Mauna Loa ».

1962

Le climatologue russe Mikhal Budyko prévient que la croissance exponentielle de la civilisation industrielle pourrait provoquer un fort réchauffement climatique global au siècle suivant.

1967

Les géophysiciens américains Syukoro Manabe et Richard Wetherald établissent le premier modèle numérique du climat global. Il concorde avec la suggestion de Callendar, en 1939, selon laquelle un doublement du CO_2 atmosphérique provoquerait une hausse moyenne globale des températures de 2 °C. Des modèles ultérieurs porteront ce chiffre à 3 °C.

1968-1974

À la limite sud du Sahara, en Afrique, la région du Sahel subit sept années de sécheresse. Des millions de personnes meurent de faim et, à la fin de la sécheresse, 50 millions d'individus dépendent de l'aide humanitaire pour survivre.

1970

La pire tempête tropicale du XXe siècle ravage le Bangladesh, où des inondations causées par une marée de tempête de 7,5 m de hauteur dans la baie du Bengale font 500 000 morts.

1976-1977

L'Europe souffre d'une période de canicule majeure.

1977

Après une réduction des émissions d'aérosols, les températures globales recommencent à augmenter alors que la pollution atmosphérique est censée faire écran aux rayons du Soleil.

Ces carottes de glace prélevées à Vostok prouvent que les niveaux de CO_2 atmosphérique affectent la température du globe.

1982

Après avoir analysé des échantillons d'atmosphère piégée dans la banquise du Groenland, le physicien suisse Hans Oeschger confirme le lien entre l'augmentation du CO_2 atmosphérique et le réchauffement climatique.

1982-1983

Pire sécheresse du XXe siècle en Australie-Orientale. Elle déclenche les désastreux incendies du « mercredi des cendres », qui font plus du 60 victimes autour de Victoria et Adelaïde.

1984-1985

En Éthiopie et au Soudan, une longue sécheresse fait 450 000 morts.

1985

À la station de Vostok, dans le centre de l'Antarctique, une équipe prélève une carotte de glace « contenant » 150 000 ans d'évolution des températures et du CO_2 atmosphérique. Cette « carotte de Vostok » montre que le niveau des deux phénomènes a monté et baissé de façon presque simultanée, et prouve le lien direct entre les deux.

1987

Le sud de l'Angleterre est balayé par la tempête la plus violente enregistrée depuis 1703. Elle déracine plus de 15 millions d'arbres.

1988

Les Nations unies demandent la rédaction d'un rapport scientifique complet sur le changement climatique. Le rôle du Groupe intergouvernemental d'experts sur l'évolution du climat (GIEC) est de produire des rapports réguliers et détaillés sur les conclusions des scientifiques. Le premier rapport d'évaluation est publié en 1990.

1990

Dans l'océan Indien, un cyclone tropical provoque une marée de tempête de 6 m de hauteur dans la baie du Bengale, qui inonde le Bangladesh et fait 148 000 victimes.

1990
À l'aide d'un modèle informatique, le géophysicien Syukuro Manabe (ci-dessous) montre que le réchauffement climatique pourrait affaiblir le Gulf Stream et refroidir plutôt que réchauffer l'Europe du Nord.

1991
L'éruption du mont Pinatubo, dans les Philippines, éjecte dans l'atmosphère un nuage de poussières qui fera baisser les températures moyennes globales pendant deux ans.

1991-1992
L'Afrique subit sa pire sécheresse du XXᵉ siècle : 6,7 millions de km² sont touchés.

1997
En Indonésie, des incendies détruisent plus de 3 000 km² de forêts : le nuage de pollution qui se dégage ajoute dans l'atmosphère l'équivalent en CO_2 de 30 à 40 % de la consommation mondiale de combustibles fossiles.

1997
À Kyoto, au Japon, des représentants de nombreux pays conviennent de réduire de 5 % les émissions globales de gaz à effet de serre d'ici 2012. Les États-Unis refusent de ratifier ce protocole, qui devient néanmoins une loi internationale en 2005.

1998
Les températures globales sont les plus élevées jamais enregistrées.

1999
Tempêtes en France.

2000
Des pluies torrentielles et des inondations touchent la Grande-Bretagne : c'est l'automne le plus humide depuis 300 ans.

2001
Le GIEC publie son troisième rapport : les climatologues ne doutent plus sur le fait que l'activité humaine est à l'origine du réchauffement climatique. Le rapport comprend un graphique en « crosse de hockey » montrant les températures des 1 000 dernières années et leur forte hausse au XXᵉ siècle.

2002
À la pointe de la péninsule Antarctique, la barrière de Larsen s'effondre en l'espace de 35 jours : 3 250 km² de glace partent à la dérive dans l'océan.

Le géophysicien américain Syukuro Manabe

En 2000, des pluies torrentielles provoquent des inondations majeures en Grande-Bretagne.

2003
L'Europe est touchée par la plus forte canicule depuis 500 ans. Les températures dépassent 40 °C et font 70 000 victimes (dont 19 490 en France).

2004
Une étude publiée dans le journal scientifique *Nature* conclut que le réchauffement climatique menace d'extinction 52 % des espèces animales et végétales d'ici 2050.

2004
Des mesures relevées dans les courants océaniques liés au Gulf Stream indiquent que le débit s'est ralenti depuis les années 1960. Le Gulf Stream serait menacé.

2004-2005
Un hiver chaud et sans neige oblige la plupart des stations de ski des États américains de Washington et de l'Oregon à fermer au milieu de la saison.

2005
L'Australie enregistre son année la plus chaude depuis qu'elle dispose de données météorologiques fiables (1910). Le record précédent datait de 1998.

2005
La mission British Antarctic Survey révèle que la calotte polaire de l'Antarctique oriental serait en train de se désintégrer, ce qui ferait monter de 5 m le niveau global des océans.

2005
L'Atlantique connaît la pire saison cyclonique de son histoire connue, soit 14 cyclones. L'un d'eux, Katrina, détruit la majeure partie de la ville américaine de La Nouvelle-Orléans, en Louisiane.

2005
Le scientifique américain James Hansen prévient que si la quantité de CO_2 atmosphérique n'est pas stabilisée, la Terre sera bientôt plus chaude qu'elle ne l'a été ce dernier million d'années. La stabilisation est possible, à condition de réduire les émissions de 60 à 80 %.

En 2004, l'absence de neige oblige les stations de ski de l'État de Washington à fermer.

2005
Les températures atteignent les records de 1998.

2006
Il est constaté que plusieurs glaciers du Groenland s'écoulent plus vite que par le passé. Autrement dit, le front de la banquise réagit plus rapidement que prévu au réchauffement climatique.

2007
Le GIEC produit son quatrième rapport : si aucune mesure n'est prise pour limiter les gaz à effet de serre et si une croissance économique rapide se produit, les températures globales moyennes pourraient s'élever de 4 °C d'ici 2100.

2007
La Chine devient le principal producteur de gaz à effet de serre du monde derrière les États-Unis, alors que ses émissions par habitant ne représentent qu'un quart de celle des États-Unis. La cause principale est la production croissante d'électricité par des centrales au charbon.

2007
La canicule touche le sud de l'Europe. En Grèce, des températures de 46 °C provoquent des incendies et de nombreux décès. Parallèlement, le Royaume-Uni subit des pluies torrentielles et des inondations. L'intensité des précipitations concorde avec les modèles informatiques de changement climatique.

2007
James Hansen et cinq autres climatologues annoncent que de graves changements climatiques approchent et que notre civilisation elle-même est menacée.

POUR EN SAVOIR PLUS

Tous les jours, les médias parlent des dernières recherches scientifiques concernant le changement climatique. On peut se renseigner davantage sur le sujet dans les musées, sur Internet ou auprès d'institutions spécialisées. Mais tu peux aussi faire tes propres recherches en notant chaque jour le temps qu'il fait ou en calculant la quantité d'énergie que tu économises en modifiant ta façon de vivre à la maison ou en famille.

QUELQUES SITES INTERNET

- Le CNRS (Centre national de la recherche scientifique) et le CNRM (Centre national des recherches météorologues) offrent sur Internet des dossiers très complets sur le climat : www.cnrs.fr/cw/dossier/dosclim/index.htm, www.cnrm.meteo.fr

- Également sur la toile, une encyclopédie de l'environnement atmosphérique (pluies acides, qualité de l'air, réchauffement de la planète, etc.) accessible aux plus jeunes : www.ace.mmu.ac.uk/eae/french/french.html

- L'Institut national des sciences de l'univers étudie, lui, l'évolution de la planète Terre et de l'Univers et observe notamment les climats : www.insu.cnrs.fr

- La fondation Cousteau poursuit la mission du célèbre commandant Jacques-Yves Cousteau, à savoir : protéger la planète pour améliorer la vie des générations futures : www.cousteau.org

- Greenpeace France milite pour la protection de l'environnement. Plusieurs campagnes actives autour du réchauffement climatique (énergies renouvelables, protection des forêts, des océans, etc.) : www.greenpeace.org/france

- Le site Internet de World Wide Found for Nature (WWF) (Fonds national pour la nature) propose plusieurs programmes d'action pour préserver les espèces en péril et protéger les habitats naturels : www.wwf.fr

LES MUSÉES

Tous les muséums d'histoire naturelle des grandes villes telles que Paris, Lyon, Nice, La Rochelle, Nîmes, Marseille, Lille, Bruxelles, etc. organisent régulièrement d'excellentes expositions sur les sujets traités dans cet ouvrage. Citons également, à Paris, la Cité des sciences et de l'industrie-la Villette (www.cite-sciences.fr), le palais de la Découverte (www.palais-decouverte.fr) ou encore le musée du Vivant près de Versailles.

VISITES RÉELLES ET VIRTUELLES

Ton école peut organiser une visite dans une ferme éolienne (à droite), une centrale hydroélectrique, une usine marémotrice ou une réserve naturelle locale. Tu peux suivre également sur Internet les expéditions scientifiques de l'explorateur Jean-Louis Étienne (www.jeanlouisetienne.fr) ou d'autres comme Tara (www.taraexpeditions.org). Enfin, amuse-toi à vivre en temps réel, via des webcam, le quotidien des scientifiques de l'Institut polaire français Paul Émile Victor (www.institut-polaire.fr) travaillant aux pôles.

COMMENT AGIR ?

Via le site Internet de Défi pour la Terre, un défi lancé en mai 2005 par la fondation Nicolas Hulot et l'Ademe (Agence de l'environnement et de la maîtrise de l'énergie), tu peux mesurer l'impact de ton comportement quotidien sur le réchauffement climatique et t'engager à faire sur la durée 10 gestes pour «sauver ta planète» : www.défipourlaterre.org, www.fondation-nicolas-hulot.org. Rends-toi sinon sur le site de Réseau Action Climat, un réseau d'associations de lutte contre les changements climatiques : www.rac-f.org. Enfin, si tu as envie de télécharger sur ton ordinateur un modèle climatique et participer ainsi aux projections climatiques, rends-toi sur le site anglais : http://climateprediction.net/

GLOSSAIRE

ABSORPTION Aspiration d'une substance venant de l'extérieur. Par exemple, la terre absorbe l'eau.

AÉROSOLS Minuscules particules en suspension dans l'air.

ALBÉDO Tout objet réfléchit la lumière. L'albédo d'un objet est la quantité de lumière qu'il réfléchit.

ALCALIN Adjectif désignant une substance contenant certains minéraux antiacides.

ANTHRACITE Forme de charbon très dure possédant la plus forte teneur en carbone et le moins d'impuretés de tous les types de charbon.

ATMOSPHÈRE Enveloppe gazeuse entourant la Terre et certaines autres planètes.

BACTÉRIE Vaste groupe de minuscules organismes unicellulaires, surtout connu comme vecteur de maladies, mais important dans le processus de décomposition et de recyclage de certaines substances.

BARRIÈRE DE GLACE Épaisse plate-forme de glace flottante, qui se forme lorsqu'une calotte glaciaire ou un glacier a glissé jusqu'à une côte, puis s'est posé sur la surface d'un océan.

BIOCARBURANT Carburant liquide issu de la transformation des matières végétales produites par l'agriculture.

BIOCOMBUSTIBLE Combustible issu de la biomasse, généralement des plantes. À petite échelle, il est moins nocif pour l'environnement que les combustibles fossiles.

BIOMASSE Matière issue d'organismes végétaux et animaux, comme le compost ou le fumier.

BIOSPHÈRE Partie de la surface et de l'atmosphère terrestres habitée par des êtres vivants.

CALOPORTEUR Se dit d'un fluide absorbant la chaleur et l'éliminant des réfrigérateurs et des congélateurs. Autrefois, les plus courants de ces fluides étaient les chlorofluorocarbones (CFC), des gaz à effet de serre puissants qui détruisent l'ozone protecteur de l'atmosphère.

CAPTEUR Tout dispositif (un microphone, par exemple) qui reçoit un signal et y répond. Les scientifiques recourent à des capteurs pour réunir des données.

CARBONATE Sel provenant d'acide carbonique.

Sol desséché par le manque de pluies

CARBONE Élément non métallique présent dans tous les composés organiques.

COMBUSTIBLES FOSSILES Combustibles à base de carbone ou d'hydrocarbure (charbon, pétrole et gaz naturel) formés par la préservation partielle de débris végétaux ou animaux. En brûlant, ils libèrent du CO_2.

DIOXYDE DE CARBONE (CO_2) Gaz incolore et inodore qui se forme lorsque du carbone se lie à de l'oxygène. C'est le gaz que l'on rejette lorsqu'on expire et que les plantes utilisent pour la photosynthèse. Le CO_2 est le principal gaz à effet de serre responsable du réchauffement climatique.

DONNÉES Ensemble d'observations, de mesures ou de faits, que l'on analyse pour en tirer des conclusions.

EFFICACITÉ ÉNERGÉTIQUE Rapport entre ce qui peut être récupéré utilement d'un appareil sur ce qui a été dépensé pour le faire fonctionner. Un appareil est dit efficace en énergie quand il consomme moins d'énergie pour un même service rendu.

ÉMISSIONS DE CARBONE Le CO_2 est libéré, ou émis, dans l'atmosphère. La plupart de ces émissions proviennent du brûlage de combustibles fossiles.

EMPREINTE CARBONE Tout individu est responsable de l'émission d'une certaine quantité de gaz à effet de serre contenant du carbone, qu'elle provienne de centrales électriques brûlant des combustibles fossiles pour produire de l'électricité, ou de véhicules alimentés en carburant à base de pétrole. Plus une personne consomme d'électricité ou de carburant, plus son empreinte carbone est élevée.

ÉNERGIE SOLAIRE Énergie produite au moyen de dispositifs appelés «panneaux et capteurs solaires», qui convertissent la lumière solaire en chaleur ou en électricité.

Biocarburant

ÉVAPORATION Passage d'une substance de la phase liquide à la phase gazeuse. L'eau s'évapore en vapeur d'eau.

FERTILE Adjectif qualifiant un sol riche en nutriments favorisant la croissance des végétaux.

FLUCTUATIONS Variations ou changements irréguliers de niveau ou de débit. Cela s'applique, par exemple, aux températures, au niveau de la mer et aux courants océaniques.

FORÊT PLUVIALE Forêt dépendant d'un climat chaud et à l'humidité permanente. Le feuillage semble toujours vert et ne se renouvelle pas selon un rythme saisonnier.

GÉOLOGIE Étude scientifique des roches et de la structure de la Terre.

GLACIER Masse de glace se déplaçant lentement, formée à l'origine par des chutes de neige.

HYDRATES DE CARBONE Vaste classe de composés organiques encore appelés «glucides», comme les sucres et l'amidon, qui contiennent du carbone, de l'hydrogène et de l'oxygène. Par exemple, la pomme de terre et le pain contiennent des hydrates de carbone.

HYDROCARBURE Composé organique constitué d'hydrogène et de carbone.

INDUSTRIALISATION Développement industriel à grande échelle. Elle nécessite d'énormes quantités d'énergie, souvent obtenues en brûlant des combustibles fossiles.

Pompe à essence

INFRAROUGE Forme de rayonnement détectable tel que la chaleur, dont la longueur d'ondes est supérieure à celle de la lumière visible, mais plus courte que celle des micro-ondes.

INTERACTION Influence réciproque d'au moins deux phénomènes.

ISOLATION Matières ou techniques employées pour limiter la propagation de la chaleur, par exemple à travers les murs d'un bâtiment.

Glacier

MARÉE DE TEMPÊTE Hausse locale du niveau de la mer provoquée par un système météorologique de basse pression comme un cyclone tropical.

MIGRATION Déplacement d'une région ou d'un pays à un autre. De nombreux animaux, comme les oiseaux, migrent d'un continent à un autre.

MOLÉCULE Assemblage d'atomes maintenus ensemble par des liens chimiques. Une molécule de méthane (gaz naturel) possède un atome de carbone et quatre atomes d'hydrogène.

MOUSSON Vent inversant sa direction selon la saison et affectant ainsi le climat, surtout dans les régions tropicales où il est responsable des saisons sèches et des saisons humides.

NIVEAU DE LA MER Hauteur de la surface de la mer par rapport à la terre. Tous les reliefs terrestres sont mesurés par rapport au niveau de la mer.

OXYDATION Réaction chimique avec de l'oxygène. Au contact de l'oxygène, le carbone s'oxyde et se convertit en CO_2.

OXYGÈNE Gaz incolore et inodore essentiel à la vie. Il représente environ un cinquième de l'atmosphère terrestre.

OZONE Forme d'oxygène. La couche d'ozone de l'atmosphère contribue à bloquer les rayons nocifs du Soleil.

PARTICULE Partie élémentaire de toute matière.

Pluie de mousson

PERGÉLISOL Sol gelé en permanence.

PHOTOSYNTHÈSE Processus par lequel les végétaux et organismes similaires utilisent la lumière solaire pour convertir l'eau, le CO_2, etc. en substances nutritives.

PILE À COMBUSTIBLE Générateur électrochimique qui permet de convertir en électricité l'énergie chimique d'un combustible extérieur comme

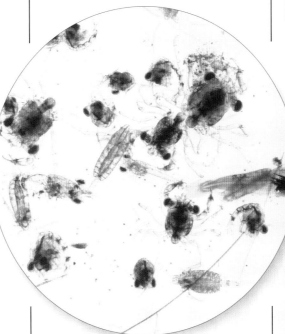

Plancton

l'hydrogène. En théorie, une pile à combustible fonctionne aussi longtemps qu'elle est alimentée en combustible.

PLANCTON Êtres vivants microscopiques, animaux ou végétaux, dérivant dans la couche supérieure éclairée des mers et des lacs.

PPM Unité de mesure équivalent à 1 partie (1 élément) pour 1 million, par exemple 1 mg par kg ou 1 g par tonne.

PRÉINDUSTRIEL Qui se rapporte à l'époque avant la Révolution industrielle anglo-saxonne, c'est-à-dire avant la fin du XVIIIe siècle.

PROJECTION Prédiction fondée sur des faits prouvés et des observations. Les scientifiques collectent les données leur permettant de faire des projections.

RADIOACTIF Se dit d'un noyau atomique émettant automatiquement des ondes énergétiques sous forme électromagnétique. L'uranium est un élément naturellement radioactif.

RAYONNEMENT SOLAIRE Ondes lumineuses produites par le Soleil. Une partie de ces ondes est visible : c'est la lumière.

RECÉPAGE Mode de sylviculture durable consistant à tailler un arbre vivant pour obtenir du bois de chauffage, tout en laissant de nouveaux rejets pousser à partir du tronc.

Forêt pluviale tropicale

RECYCLAGE Traitement des déchets permettant de les utiliser dans la production de nouveaux produits. Par exemple, les bouteilles sont produites avec le verre de bouteilles jetées puis récupérées.

RÉTROACTION (OU FEEDBACK) Réaction en réponse à un événement particulier.

SÉCHERESSE Longue période sans précipitations.

TEMPÉRÉ Se dit d'un climat ni tropical ni polaire, localisé aux latitudes moyennes. En règle générale, les températures sont douces et les précipitations faibles.

TOUNDRA Zone froide en bordure des régions polaires, sans arbres et pauvre en végétation, entre les forêts et la glace permanente.

TROPICAL Se dit d'un climat très chaud et souvent très humide, localisé aux basses latitudes.

TURBINE Machine dont les pales rotatives convertissent le mouvement de l'air ou de l'eau en énergie mécanique.

VAPEUR D'EAU Forme gazeuse invisible de l'eau, incluse dans la composition de l'atmosphère.

VÉGÉTATION Ensemble de la flore, dont la composition et la physionomie varie selon la région.

NOTES

Dorling Kindersley souhaite remercier
Stewart J. Wild pour ses corrections,
Rebecca Painter et Kate Scarborough
pour les p. 64-71.

ICONOGRAPHIE

L'éditeur voudrait remercier les
personnes physiques et morales l'ayant
aimablement autorisé à reproduire leurs
photographies : (abréviations : b-bas,
c-centre, d-droite, g-gauche, h-haut, t-
tout en haut)
akg-images : Sotheby's 15bd ; Alamy
Images : Alaska Stock LLC 43td ; Arco
Images 61tg ; Simon Belcher 59tg ; Mark
Boulton 56t, 58c ; James Cheadle 2c, 22-
23b ; Gary Cook 41cg ; Dennis Cox 60-
61bg ; Elvele Images 36bd ; Pavel Filatov
42t ; Clynt Garnham 37tg ; David
Kilpatrick 69tg ; Robert McGouey 51cd ;
Renee Morris 35b ; Motoring Picture
Library 60cg ; Edward Parker 49td ; paul-
hill.co.uk 61b ; Sergio Pitamitz 12t ;
Rainer Raffalski 49b ; Vera Schimetzek
47c ; Andy Sutton 47tg ; VIEW Pictures
Ltd 59b ; Arup : 58-59b ; British
Antarctic Survey : 69b ; Bryan and
Cherry Alexander Photography : 28bg,
30cg, 36c ; avec l'autorisation de
Climateprediction.net : 39b ; Corbis :
Steve Austin 17c ; Bettmann 21b ;
William Campbell / Sygma 44c ;
Stephane Cardinale / People Avenue
48td ; Ashley Cooper 30t ; Howard Davies
49c ; Philip de Bay / Historical Picture
Archive 44t ; Dominique Derda / France 2
44b ; Dewitt Jones 35t ; Viktor Korotayev /
Reuters 21c ; John Madere 62t ; Gideon
Mendel 47b ; Sally A. Morgan / Ecoscene

18t ; Guang Niu / Reuters 24g, 27g ;
Douglas Peebles 46d ; Rickey Rogers /
Reuters 27td ; Gilles Sabrié 25c ; Skyscan
52cd ; Jim Sugar 9bg, 68b ; Alison Wright
56-57b ; DK Images : avec l'autorisation
du National Maritime Museum, London
51bd ; Katie Williamson 71g ; Katy
Williamson 1b ; Jerry Young 70t ;
Ecoscene : Peter Dannatt 53cg ; Stuart
Donachie 32t ; Energy Saving Trust :
Simon Punter 57c ; Environmentalists
for Nuclear Energy : 13cg ; ESA : Envisat
33td ; FLPA : Nigel Cattlin 25tg ; Larry
West 41c ; Konrad Wothe 37t ; Getty
Images : Fred Bavendam 34t ; The
Bridgeman Art Library 29bg ; Peter Cade
62-63b ; Chien-min Chung 50d ; Michal
Cizek / AFP 26cg ; Adrian Dennis 48tg ;
Peter Essick / Aurora 68d ; Stephen Ferry
18-19c ; Michael & Patricia Fogden 34-
35c ; Tim Graham 55t ; Satoru Imai /
Sebun Photo 54t ; Saeed Khan / AFP 48b ;
John Lamb 62td ; Alex Livesey 25td ;
Logan Mock-Bunting 42b ; Mark Moffett
18g ; Bruno Morandi 40-41b ; Stuart
O'Sullivan 58t ; Tyler Stableford 12c ;
Teubner 55cd ; Toru Yamanaka / AFP
49td ; Global Warming Art (www.
globalwarmingart.com) : 39td ;
International Panel on Climate
Change : 39t ; Marine Current Turbines
TM Ltd : 54-55 ; NASA Goddard Space
Flight Center : 26bg, 26bd ; archives
National Geographic : James P. Blair
18b ; Ralph Lee Hopkins 36t ; avec
l'autorisation du Natural Environment
Research Council : 32-33b ; avec
l'autorisation de NOAA : GFDL 38-39b,
40t ; PA Photos : Charles Rex Arbogast /
AP Photo 26cd ; Vinai Dithajohn / AP 19t ;
Dado Galdieri / AP 43c ; Kent Gilbert / AP
46g ; Nati Harnik / AP 20-21 ; Itsuo
Inouye / AP 38t ; Stephen Kelly / PA
Archive 48cg ; Bullit Marquez 15g ; John
Mcconnico / AP 28cg ; John D. Mchugh /
AP 41t ; Martin Meissner / Ap 50-51 ;
Leslie Neuhaus / AP 27c ; David J. Phillip /
AP 45b ; Aijaz Rahi / AP 31bd ; Solar
Systems / AP 55cg ; USGS / AP 43g ; Liu
Yingyi / AP 23tg ; PunchStock : Purestock
57td ; Reuters : Action Images 31bg ;
Mario Anzuoni 27bd ; Jayanta Shaw 44-
45b ; Rex Features : Dennis Gilbert /
View Pictures 59td ; SplashdownDirect /
Michael Nolan 37g ; Sipa Press 29ch,
29t, 53cd, 53t ; Science Photo Library :
9bd ; Steve Allen 52bd ; Martin Bond
22bg ; British Antarctic Survey 7t, 16-
17b ; John Clegg 20c ; Tony Craddock
43bd ; Bernhard Edmaier 10b, 28bd ;
Mauro Fermariello 17tg, 17td ; Richard
Folwell 21td ; Simon Fraser 24-25 ; Brian
Gadsby 9tg ; Geospace 3, 16t ; GSFC /
NASA 26tg ; Tony Hertz / Agstockusa 24t ;
Ian Hooton 40cg ; NASA 19c ; NASA /
Goddard Space Flight Center 29bd ;
Bjorn Svensson 55bd ; Take 27 Ltd 42-
43b ; TRL Ltd 52bg ; Still Pictures : Joerg
Boethling 47td ; Paul Glendell 68t ;
Godard / Andia.fr 54bg ; Marilyn
Kazmers 32b ; Mark Lynas 30b ; Hartmut
Schwarzbach / argus 61td ; avec
l'autorisation de l'US Navy : JOC(SW/
AW) David Rush 33cd
Illustrations : Ed Merritt 28-29 (cartes) ;
Peter Winfield 8cb, 12-13b, 14bd, 17bd,
25bd, 38cg, 39tg, 48bd, 51td, cg, 57 bd,
60 td, 64-65

Couverture : 1er plat : Kyu Oh/Photodisk/
Getty ; Dos : Geospace/Science Photo
Library/Cosmos ; 4e plat : Geospace/
Science Photo Library/Cosmos cg,
Greenpeace International/Sipa c, Alamy
Images/James Cheadle b.

Toutes les autres images sont la
propriété de © Dorling Kindersley